不完美的自我

（Hugh van Cuylenburg）

［澳］休·范·奎伦堡 — 著

朱蕾 — 译

Let Go

*It's time for us to let go of shame,
expectation and our addiction
to social media*

中国原子能出版社　中国科学技术出版社

·北　京·

Let Go: It's time for us to let go of shame, expectation and our addiction to social media
by Hugh van Cuylenburg, ISBN:978-1-7610-4327-7
Text Copyright © Hugh van Cuylenburg, 2021
First published by Penguin Random House Australia Pty Ltd. This edition published by arrangement with Penguin Random House Australia Pty Ltd.
Simplified Chinese translation copyright © 2024 by China Science and Technology Press Co., Ltd. and China Atomic Energy Publishing & Media Company Limited.
All rights reserved.
Copies of this translated edition sold without a Penguin Random House Australia sticker on the cover are unauthorized and illegal.
北京市版权局著作权合同登记　图字：01-2023-5238。

图书在版编目（CIP）数据

不完美的自我 /（澳）休·范·奎伦堡
（Hugh van Cuylenburg）著；朱蕾译 . — 北京：中
国原子能出版社：中国科学技术出版社，2024.1
　书名原文：Let Go: It's time for us to let go
of shame,expectation and our addiction to social
media
　ISBN 978-7-5221-3166-5

　Ⅰ . ①不… Ⅱ . ①休… ②朱… Ⅲ . ①人生哲学—通
俗读物 Ⅳ . ① B821-49

中国国家版本馆 CIP 数据核字（2023）第 233874 号

策划编辑	何英娇	执行策划	陈　思
责任编辑	付　凯	文字编辑	邢萌萌
封面设计	潜龙大有	版式设计	蚂蚁设计
责任校对	冯莲凤　邓雪梅	责任印制	赵　明　李晓霖

出　　版	中国原子能出版社　中国科学技术出版社
发　　行	中国原子能出版社　中国科学技术出版社有限公司发行部
地　　址	北京市海淀区中关村南大街 16 号
邮　　编	100081
发行电话	010-62173865
传　　真	010-62173081
网　　址	http://www.cspbooks.com.cn

开　　本	880mm × 1230mm　1/32
字　　数	144
印　　张	7
版　　次	2024 年 1 月第 1 版
印　　次	2024 年 1 月第 1 次印刷
印　　刷	北京盛通印刷股份有限公司
书　　号	ISBN 978-7-5221-3166-5
定　　价	59.00 元

感谢在我生活和工作的土地上生息繁衍、传承故事的人，我向所有的前辈致敬。

谨以此书献给我可爱的孩子本吉和埃尔西，你们可能不知道，我有多爱你们。

本书内容请读者作为参考。作者无意也不应使读者依赖本书，以为可以从中获得专业的医疗建议。如果读者在自身心理健康方面有任何问题，建议咨询专业的心理医生。

作者寄语

自我上一本书付梓至今，世界已然发生了很多改变，我也改变良多。

在这世上活了 40 多年，我对"韧性"有了深刻的感悟却是近两年的事。

《韧性项目》(*The Resilience Project*) 是我写的第一本书，可以说是十年磨一剑的作品。十年间我深入研究了感恩、同理心和正念，并与澳大利亚和新西兰各地的朋友分享其裨益，而感恩、同理心和正念也是《韧性项目》这本书的三大核心原则。

然而，本书却大不一样。

在直面书中所讨论的话题时，我清楚地意识到，自己不可能再用十年来写成一本书，因此我在这里可以问心无愧地说，书中所言皆出自我本人的好奇。要知道我既不是心理学家也不是精神病专家，更不擅长发表励志演说，我只是一个颇有心得的老师，一个讲故事的人。

这里也有必要提醒读者，在这本书的写作过程中，我并没有重新发明什么话语体系。这些话题并不是我第一个发现的，我只是想让更多人知道，世界上有很多专家学者在心理健康领域做出了杰出的贡献，正是他们的研究帮助我在这一领域奋力前行。

我有一个非常好的朋友叫艾尔（Al），他是一名电工，"男人中的男人"，前不久他告诉我，我第一本书里写的我妹妹克服饮食失调的事让他"眼睛流汗"。我一度感到迷惑，不知道他想表达什么意思，后来才反应过来，他其实是在（以非常男人的方式）告诉我，我写的内容让他哭了。

本书中分享的一些事例，有些会让你哑然失笑，有些会让你泪盈于睫，希望我的分享能帮助你在遇到精神健康难题的时候，想办法让自己感到更快乐并能更好地应对。

世上的好书很多，但你如果选择读这本书，对我而言意义重大。

警示：本书中有些内容涉及精神疾病、性侵害和自杀，可能会触发一些读者的不快经历。因此，若有读者面临心理健康问题，希望你能尽快联系全科医生或心理医生。

感恩有你

休·范·奎伦堡

目录

引 言

很长一段时间以来，有一件事情让我压力山大，就是希望自己"顺"。

我以前可不是这样的。我在 20 世纪 80 年代的墨尔本长大，少年不识愁滋味，万事皆顺。事实上，我甚至不知道不顺是什么，我的生活充满欢乐。

那时候，没有互联网，也没有层出不穷的无线设备让我浑浑噩噩、目光呆滞。那时候的我，太了解无聊的滋味了，然而今天看来，无聊绝对是最好的礼物。要想战胜一个沉闷下午的极端无聊，就必须发挥创造力。我的弟弟妹妹和小伙伴都积极参与战斗，赶走单调和乏味，我们变着法地玩游戏、做各种冒险的事，我们的关系也因此坚不可摧。

到了星期六晚上，我们全家挤在小沙发上，收看《今天星期六》（*Hey Hey It's Saturday*）这档电视节目，星期天晚上则是收看《喜剧大会》（*The Comedy Company*）。除去偶尔和爸爸一起看一日赛制（ODI）板球比赛外，以上就是我每周两小时的电视时间——和家人一起大笑，其乐融融。那时电视上只有 4 个频道，内容也不算丰富，在 20 年后，文化领域才诞生了真人秀。

那时候，我也没有使用任何社交媒体平台，这些东西其实只会磨蚀一个人的自尊。我从不跟别人攀比什么，也不会觉得自己不受欢迎或不够酷。那时的我相信，我就是我，不一样的烟火。那时的我觉得，自己值得被人爱，也很有归属感。我觉得，怎么说呢，一切都很"顺"。

然后，有一天，一切都变了。

相信多数人都记得第一次看到父母哭泣的情景。这可能会让一个孩子非常不安——仿佛我们的守护者无意中泄露了一个本应严格保守的秘密，即人生在世并不像我们想象的那么"顺"。我永远不会忘记爸爸站在厨房水槽前洗碗时躬身哭泣的悲伤身影。妈妈一边搂着他，一边眼泪顺着脸颊流了下来。当时我妹妹乔治亚（Georgia）只有 14 岁，因精神疾病导致厌食。父母的眼泪让我第一次意识到，人生会有很多不顺的事情。

这一灾难性的事件向我们全家席卷而来，父母竭尽所能帮助乔治亚康复，他们觉得确保女儿的病情好转责无旁贷。与此同时，我却开始对自己进行一些暗示，告诉自己我必须好好的，不能出问题，这样做其实有勇无谋、有害无益。

事实上，当时的我觉得自己必须好好的，要<u>好得不能再好</u>才行，我必须不断让自己成为周围所有人快乐的源泉。由于家庭成员正经历着重大健康危机，我不敢发泄自己青春期的不安全感和恐惧，怕增加家人的痛苦。

最终乔治亚的厌食症痊愈了，但我却从未完全走出来。我

继续固执地认为，自己理应让每个人都感到快乐，无时无刻，不惜一切代价。

虽然这在一定程度上使我找到了自己的人生目标，也让我的"韧性项目"公司创业成功，但在很多方面，这种自我强加的必须很"顺"的期望，也让我不堪重负。

2020 年，我对万事皆顺的需求巨浪日积月累终于达到顶峰。随着全球新冠病毒肺炎疫情暴发，死亡率和感染率飙升，封锁隔离压制着多国经济、社群和人的意志，我作为心理专家责无旁贷地要告诉人们如何应对这一突发状况。我走进了一个又一个广播访谈和电视节目，为人们出谋划策，让大家能在这场严峻的世界疫情面前保持积极乐观和坚强。

然后，毫无征兆地，这个巨浪突然向我袭来。

那是一个寒冷的早晨，人们又一次被封锁隔离，在电台直播时有人问我是否过得很好很顺。

"不好，不顺。"我竟脱口而出，出乎意料地坦率，"我彻底崩溃了。"

这个回答与其说吓到了别人，不如说吓到了我自己。直播结束后，我走回自己的战场（我家），意识到自己必须做出一些重大改变。我压根就不好也不顺，而且刚刚在广播节目中，我向成千上万的人承认了这一点。

十年间我一直告诉所有澳大利亚人，大家都应该去见见心理健康专家，因此我也听从了自己曾提出的建议。几周后，我人

生中第一次，安排自己去见一位十分优秀的心理学家，她名叫安妮塔（Anita）。

我定期去见她，有一次她对我说的话令我终生难忘。"休，人生中总有一天你会意识到，你不需要随时背负过去的事情了，是时候放手了。"

"放手"这两个字，沉重地落在我身上，我把椅子后移，身体前倾，双手捧头，仿佛我的头就是那沉重的两个字，有好几分钟我都保持着这个僵硬的姿势。我觉得安妮塔说得对，但我应该从哪里做起呢？我到底需要对什么事情放手呢？而且就算找到了答案，我到底该怎么放手呢？可惜安妮塔并不能给我这些问题的答案。我几乎花了一年时间，做了很多艰难的工作，深刻地审视了自己，才清楚自己该做什么。

原来有那么多事情需要我放手。每次见安妮塔，我都会在手边准备一个日记本。只要发现什么阻碍我前进的东西，我都会飞快地记下来。不久之后，列出来的清单如下，非常令人尴尬：

- 羞愧
- 期望
- 完美
- 控制
- 对失败的恐惧
- 自我

每天晚上，在妻子佩妮（Penny）和孩子们上床睡觉后，我会拿出日记本，盯着这个清单看。然后我回顾自己的过往，把生活实例和亲历的故事添加到其中每个条目中，帮助自己记起这些事情并理解其重要性。一天晚上，我合上日记本，决定把它藏在抽屉里。很难想象，如果有人发现这个日记本的话，那对我来说绝对是一场灾难。我对自己说，不能让任何人看到这个本子。

几个月以后，新冠病毒肺炎疫情的形势严峻，我清楚地意识到，自己并不是唯一备受清单上这些问题困扰的人，而且我越深入地探索这些问题，就越意识到这些问题正是社会上集体和个人不幸的核心。

不久以后我得出结论，每个人都需要了解这方面的信息。每个人都可以从我日记的内容中受益！事实上，我开始有了与13年前同样的感觉，当时我有幸目睹了一些住在喜马拉雅山下沙漠地区的人练习感恩、同理心和正念。

我希望，通过分享自己那个令人尴尬的"清单"，我能够鼓励你也学会放手，去拥抱一种不同的思维方式和生活方式。

然而，在正式开始之前，你需要做一件重要的事情：做好准备，让自己变得脆弱。你需要挖掘自我，看到自己真正的脆弱，而这其实是一种超能力。因为你必须放松对自我的警惕，才能做到放弃羞愧、期望、控制、完美、自我、对失败的恐惧，以及任何其他阻碍你发展的因素。你必须做好准备，面对脆弱。

从心理学的视角来看，脆弱性简言之是一种承担情感风险的能力。这听起来有些违反常规，毕竟人类的本能之一是避免自己受到伤害。人们日常会花很多时间像雷达一样扫描周围环境，尽量规避外界对自己身体和心理的威胁，并在潜意识中依此规划出一条路线，以确保自己毫发无损地度过每一天。

在一些有风险的活动中，这种自我保护的本能是件好事，比如在开车或用燃气灶做饭的时候。但在培养人际关系、加深人际交往或管理自我心理健康方面，如果一个人要么在危险边缘疯狂试探，要么蜷缩在情感防御的保护球当中，只会让自己受到更大的伤害。

在世界上的许多国家，人们在遇到一些威胁自身心理安全感的事情的时候，从小就学会了"要面子"或"坚强起来"。在面临羞愧、内疚和尴尬等情绪时，我们必须坚强，尤其是男性，毕竟"男人不能哭"，对不对？

这一点我太清楚了。我活到现在大半辈子都努力避免让自己遭受任何伤害，无论是身体上的还是精神上的伤害。这可能会在一定程度上解释，为什么我作为一个板球运动员在面对对手挥球棒的时候总是表现得糟糕透顶；也可以解释，我为什么执着于想让每个人都开心。

尽管我们十分努力，也无法避免遇到一些心理方面的难题。当今世界如此混乱，身边随时会有不测风云，我们也无能为力。经历不快和情绪受损是人生旅程的重要组成部分，重要的是我们如何应对。

自从 2020 年我定期与安妮塔见面接受治疗后，我花了很多时间回顾自己的过往，接受心理治疗一般都会这样做。有一天，在思考脆弱的定义时，我想起了自己曾经遇到的一个非常了不起的人。

2019 年，有一次我在墨尔本推广自己出版的第一本书，活动结束时，一位中年女士找到了我。她和几个年轻人在一起，但走向我时她转身对这些年轻人说："你们在这里等着。"

"我今天刚刚做完了最后一轮化疗，"此时只有我和她两人，"我只剩下几个月的时间了。今晚我开了两个小时的车来到这里，还带上了我的 3 个孩子和他们的爱人。您能不能给这些书签名？也请告诉他们我很爱他们。"她对我说。

我当时听到她说的这些话之后，特别想哭。

"这些年我一直跟他们念叨您书里所写的韧性、感激和同理心，他们都烦死了，"她微笑着继续说，"我今晚执意带他们过来，因为我相信这本书会帮助他们度过接下来的日子。"

这个勇敢而美丽的妈妈的要求，我当然会满足。我拿起笔，在书上写道，妈妈非常爱你们，这种爱无法用言语表达。然后我站起来，伸出双臂拥抱她柔弱的身体。这是一个意味深长却无言的拥抱，然后她就离开了。

这是我一生中最难忘的经历之一。

这个女人在那几分钟里所表现出的脆弱，令我终生难忘。我甚至不知道她姓甚名谁，但我永远不会忘记她。

　　这本书中所有的故事都涉及以这样或那样形式出现的人性的脆弱。我把它们直接从日记中提取出来，以此为起跳点，去探索更深层的情感水域，因为我们太多时候容易被无益的想法、感觉和行为所困扰，会感觉自己"不顺"。

　　所以，该开始了，是时候放手了。

羞愧

第 **1** 章

亲爱的乔治亚，再来一次

> 谨以本书献给我的妹妹乔治亚。很抱歉当时我无法保护你，很抱歉在几年后你最需要我的时候，我也没能站在你身边。

这是我写在《韧性项目》那本书卷首的献词，没想到书出版之后，成千上万的读者想办法与我取得了联系，他们都对我说，当时的我是没有能力去保护乔治亚的。他们写道：

"你不需要自责。"

"这不是你的错。"

"你当时也还只是个孩子。"

当时我 6 岁，乔治亚 3 岁，有一天下午，我俩正在祖父母家的前院玩儿。来了一个陌生人，他抱起我妹妹，把她带到房子的另一侧，性侵了她。

那件事情，乔治亚没有告诉任何人，而是带着这个可怕的秘密，度过了整个童年。14 岁时，她患上了神经性厌食症。这个诊断如乌云般笼罩着我们全家，我却嘻嘻哈哈地说，"她只需要吃东西就好了"，我还总想让自己从这个家庭阴影中抽身出来，大部分时间都待在女朋友家里。

2019 年《韧性项目》出版后，读者们纷纷给我写信说那不怪我。

"你当时才 18 岁，又是第一次谈恋爱。"

"你那时想过正常年轻人的生活，这也是人之常情。"

读者的这些宽慰之词对我来说意义重大，因为我花了好多年的时间才与自己和解，我羞愧于当年背弃辜负了妹妹。我也花了好几年的时间才原谅了 6 岁时的自己，深知当时的我也无能为力。现在的我，每当看着自己年幼的儿子和他妹妹玩耍，虽痛彻心扉但也明白，当时大家都是孩子，我是不可能保护乔治亚免受伤害的。

然而，还有另一件事，我觉得很难原谅自己并深感羞愧，而且这才是我写那句献词的真正原因。在第一本书中，我还没有准备好把这件事写进去，当然这也是出书很久以后才发生的事情。

2009 年，乔治亚从洛杉矶飞回澳大利亚，召集了一次家庭聚会。当时我们都聚在父母家，她终于把 23 年前那天下午在祖父母家发生的事情说了出来。她之所以这么做，也是因为她接受了心理治疗，终于可以正视自己埋藏多年的创伤。而在她讲述那天发生的事情时，我感觉到自己的体温降到了冰点。

乔治亚说到一个男人走进祖父母的院子时，我也记得。我记得他走进花园，一开始想跟我说话我没理他，然后他抱起乔治亚，带着她绕到房子那边去了。接下来发生了什么事，我全然不知。

那天晚上，乔治亚把这一切和盘托出，我看得出来她伤心欲绝。她不停地说话，我从未见过她如此脆弱无助。她眼里带着痛苦，悲伤地看着我，而我也十分清楚该做什么：我应该紧紧拥抱住她，对她说："那天我跟你在一起呢，我记得那个男的，你说的都是真的，你没发疯。我知道那件事情确实发生了。接着说吧，有我在，不要怕。"

然而事实上，我什么也没说。

我也搞不清自己怎么了，就是无法组织好语言来安慰妹妹，也对自己恨铁不成钢。"天哪，她此时此刻多么需要你，"我在心里责备自己，"你此时此刻完全可以给她力量和支持。"

相反，我眼睁睁看着她挣扎着说出一切，这无疑是她一生中非常艰难的时刻。

然而，从我口中说出来的却是："这种事情发生在你身上，我真的很难过。"

接下来的每一秒，我都知道我离乔治亚越来越远了，我错过了最佳机会，没有把"救生索"扔给她。我缄口不言的时间越长，越感到自己的情感上的疏离。与此同时，爸爸妈妈和弟弟乔什（Josh）却围在乔治亚身边，对她说出肺腑之言。

"谢谢你告诉我们。"

"我们终于明白你的处境了。"

"我们都在这里，都支持你。"

"你很坚强，你很优秀。"

"我为你感到骄傲。"

当时我和他们坐在一起，却感觉我与他们的距离遥远得如同绕轨而行的卫星。那句不痛不痒的"这种事情发生在你身上，我真的很难过"像铅球一样挂在我的脖子上，让我感到窒息。如果我当时在言语上支持她、肯定她，与她并肩同行的话，我们兄妹完全可以互相依赖、坚不可摧，这可能是改变我们各自人生的最佳方式。

几天后，乔治亚回美国了，毫无疑问，多亏有亲爱的家人，她身上的重负才稍稍得以减轻，而我则背负着沉重的羞愧感继续生活。我努力不去想我对妹妹的情感背叛，但每每还是会想到，并发现这件事最终让我们两人都生活在羞愧当中。这事我不能全推到那个禽兽身上，毕竟，我原本可以做点什么或说点什么来补救，随时都可以，只要我愿意。

然而，每当我想做点该做的或说点该说的时候，我总能找到自私的借口，最终该说的没说，该做的也没做，就像那天我在父母家也为自己找了类似的借口：当时情形太混乱了；这会让我显得太脆弱；都过去这么久了，再去承认也太痛苦了，而且可能也会再次伤害乔治亚。与其参与其中，不如把我的羞愧塞回盒子更容易，所以我拖延、拖延、再拖延，就这样拖延了 10 年。

2019 年，我终于迎来了直面内心这个不堪真相的契机。乔治亚还住在洛杉矶，我把新书的第一章寄给了她，以征得她的同意，因为那一章是关于她的。这给了我们开诚布公交谈的机会，虽然我们的关系只拉近了一点点，但确实有了进展。

在即将写完这本书最后一章的时候，我知道时机已然成熟。我给乔治亚留言想定个时间与她聊一聊，当时我心中诚惶诚恐。那是那年春天刚暖和起来的一天，平时我是喜欢晴天的，气温只要超过 20 摄氏度，我的心情就会很好，想去兜风。然而那天我却感到热得窒息，这加剧了我不安的情绪，我感到浑身不舒服。

乔治亚接通了电话，我走到屋外，坐在后院的一棵大桉树下。那棵树高耸茂密让人很有安全感，它让我想起我们童年时生活的后院，那里有 8 棵大树。我垂头屈膝背靠在树干上跟妹妹通电话。

"我很抱歉，"然后我给她读了那句献词。

"哎呀，别说傻话了，"感觉到了我的一反常态，她温柔地说，"你那时根本没有办法保护我呀。"

"我说的不是那天，我说的是 20 年后在爸爸妈妈家那天，你告诉我们一切真相的那天。"

"什么意思？"她问。

"我也记得小时候咱俩在爷爷奶奶家的那天，"我轻声说，"在院子里，那个家伙，他把你抱起来，绕到房子的另一边，你后来一说，我就马上想起来了。我不知道那家伙把你带走后发生了什么事，但我清楚地记得他打开前门，朝我们走来的样子。为此我十分抱歉。"

乔治亚沉默了许久。我揣测她被拉回自己作为儿童性侵受害者 33 年来痛彻心扉的记忆。我甚至能感觉到，随着她慢慢理解我所说的话，她的困惑变成了悲伤和失望。倘若我在 10 年前就公开表态并站在她身边，她或许在之后的生活中能获得更多内心的平静。

阳光穿过我头顶上的桉树叶子洒了下来，我紧紧地盯着手机。当时我觉得我们兄妹关系走到了十字路口。

乔治亚开口说："这么多年来，我一直想和你像这样，<u>真诚</u>地聊聊那些真实的事情和真实的感觉。所以，谢谢你今天的真情流露。"

尽管我当时非常害怕，但我还是知道妹妹会做何反应，因为她一贯善于同情别人，她是个坚韧的人。她当时既不生气，也没站在道德制高点评判我。她伤心难过吗？应该是的。但最重要的是，她似乎如释重负。

这么多年来，我越来越多地参与到"韧性项目"公司的运营，而乔治亚一直在远处看着。我想她一定觉得很奇怪，媒体上那个脆弱而有同情心的男人和她有点冷漠的大哥，居然是同一个人。

平时但凡在车里有几分钟空闲时间，我就会给朋友们打打电话，寒暄两句。"你好，最近怎么样啊？"我与朋友交往没有压力，不觉得一定要进行一次正儿八经的谈话，也不是必须要与人生的奥秘死磕，这只是在忙碌的一天中抽时间与朋友联络感情的一种方式而已。

而我妹妹乔治亚，从来都不是我打这种电话的对象。

但，今天她却是。

回想起我们之间失去的那10年，我总是遗憾不已，因为我的羞愧感令我们兄妹无法亲近。随着时间的推移，我逐渐明白，整件事情中的我并不是个坏人，只是个普通人而已。

羞愧（它的近亲是内疚）是人类与生俱来的情感。羞愧是一种人人都有的情感，但不同于愤怒、喜悦或悲伤，羞愧的本质特征是其他人几乎不可能看到它，即使是那些与我们最亲近的人。那么，快乐、恐惧、悲伤、愤怒和厌恶呢？这些情感表现明显，我们展示出来是为了与他人分享并一起应对。而多数情况下，羞愧只能一个人独自面对。

· 羞愧与内疚

羞愧和内疚之间的区别可以表述为：内疚是对你所做过的事情感到抱歉，而羞愧是对你是谁感到抱歉。羞愧这种情绪意味着对自己失望，内心认识到自己某些方面很不堪，于是本能地对世界隐瞒自己的羞愧。简而言之，羞愧是一个人想要隐藏的东西，也让我们隐藏自我，但隐藏自我与人际关系交往的原则背道而驰。

与尴尬和内疚一样，羞愧也被视为一种"道德情绪"。美国心理学教授琼·坦尼（June Tangney）在研究羞愧方面著述颇丰，她认为羞愧是"情绪道德的晴雨表"。换句话说，羞愧是对一个人社会和道德情绪可接受度的即时反馈。坦尼教授说："当一个人为非作歹或犯错误时，随之而来地就会产生羞愧、内疚或尴尬等这些令人讨厌的情绪。"

但这也并不意味着羞愧总是一件坏事。羞愧感引导我们做出更容易被接受的社会行为，因此对于个人、集体和社会而言都是有益的。

关键在于，既有健康的 羞愧，也有不健康的 羞愧，其区别在于为什么 会感到羞愧以及如何应对羞愧。正因为羞愧是一种非常私人的（甚至秘密的）情绪，所以没有像爱人或朋友旁观者清那样的制衡机制来防止羞愧"毒害"你。引用美国脱口秀女主持人奥普拉·温弗瑞（Oprah Winfrey）的话说，"我们都冷酷无情地把一些不实之事强加在自己身上，然后一生都让自己沉溺其中无法自拔。"

这一点难道我们自己不知道吗？这个星球上有多少人，人们就有多少理由感到羞愧，但羞愧并不都与不良行为或糟糕的选择有关，比如我没有在乔治亚最需要的时候站在她那一边。羞愧通常源于能力不足、明显的弱点或性格缺陷。一个人在把自己和别人做比较或听到别人的批评时，就会出现消极的自言自语。以下是两个常见的"羞愧心结"：

- 我长得不够好看。
- 我不够聪明。

好吧，我此处可能直接讲出了自己的内心独白，但希望你能意识到，我们都是这么苛刻地评价自己的。毫无疑问，这些说法十分有害。

长期以来，羞愧和内疚的影响在临床上一直与各种心理问题有关，包括抑郁症、焦虑症、双相情感障碍症、精神分裂症、药物滥用和饮食失调，更不用说对一个人自尊和人际关系的影响了。美国自我救助作家马克·曼森（Mark Manson）曾直言不讳地说，"羞愧可以毁掉一个人。"它真的可以，而且持续时间很长。以我自己为例，我从小学开始就背负着羞愧的心结（这个我后面会讲到）。

显然，我们需要放弃的是那种不健康的羞愧，因为其阻碍我们前进，而不是鼓励我们实现更高的道德目标。但是如何才能放弃它呢？心理治疗师安妮塔建议我使用一个简单的三步法，来帮助自己放弃不健康的羞愧。

我知道并不是每个人都能接触到心理学家，特别是新冠病毒肺炎疫情暴发以来，似乎人们的精神健康也得了传染病。值得庆幸的是，这个三步法也可以在专业咨询师、社会工作者、心理治疗师或职业治疗师等专业人士的帮助下进行。如果你找不到专业人士来指导你，那么我会给你一些例子，我自己现身说法来说明如何对羞愧放手。毫无疑问你在阅读本书的过程中会发现，我有许多相关经历，我还任其毒害了我和妹妹的关系，但这里我重点只讲其中一段经历：

·乔治亚生病期间，在她最需要我的时候，我背弃了她

第 1 步：把你做了什么和你是谁分开

我们都会时不时做错事情，有时甚至后果很严重。同时，事后我们经常觉得自己很差劲。当这种感觉出现时，必须提醒自己："我并不差劲，只是我所做的事情很差劲"。

几十年来，我觉得自己是一个糟糕的哥哥，因为乔治亚生病后我没起到什么积极作用。我没有在家做一些力所能及的事情，而是总待在女朋友家里。我不是坏人，只是做了错误的决定，我们生活中都会出现这种情况，不是吗？从错误的决定中吸取教训也是生活的一部分，这样一来下次我们会做得更好。

第 2 步：探究你行为背后的真正动机

一个人所做出的选择背后总是有动机的。有的动机显而易见，有的会从我们的潜意识深处冒出来，但是人们常常不屑去探究自己为什么那么做，动机是什么。

乔治亚生病期间，我行为的潜在动机主要与当时我所处的

年龄段有关：

- 我当时 18 岁。
- 我刚高中毕业。
- 我刚拿到驾照。
- 我刚开始第一段恋爱。

当时的我面临着两个选择，要么在家持续地因乔治亚的病情悲伤难过，要么去女朋友克里斯蒂（Christie）家里，要么去酒吧，要么去打板球或者打橄榄球……对一个年轻的小伙子来说，我根本别无选择。现在我已经 40 多岁了，还是能够理解那个小伙子的，而且我也能原谅他。18 岁的我只是想让自己开心而已，我做出那种选择的动机是完全可以理解的。

第3步：分享羞愧

这才是最难做到的。这让人感觉违反常规，但美国教授兼作家布琳·布朗（Brene Brown）说过，"羞愧一旦说出来就不是羞愧了，因为在同理心面前羞愧没有容身之处。"她的意思是说，当你敞开心扉，自主自愿地（跟正确的人）讲述你的境遇时，十有八九你会收到爱、支持和同理心。

理想状态下，你应该与心理治疗师分享自己的羞愧，但也不一定非得找训练有素的专业人士。不过你确实需要确保这个人能对你表达爱、支持和同理心。到底和谁分享你的羞愧，这方面你一定要精挑细选。这个人你凭本能就会找到，因为他会对你说"我在这里，我支持你"或者"我知道那种感觉"或者"我以前也搞砸过"。

至于我因乔治亚生病时背弃她所造成的羞愧，在我告诉安妮塔之前，唯一知道此事的人是我最好的朋友科洛（Collo）。他不是训练有素的专业人士，也不会坐在治疗师专用沙发上把患者的病情记下来，他其实在一家制药公司工作。那天我们打完板球后一起坐在路边喝了很多啤酒，我拿着鸡肉炸串哭得泣不成声。

尽管第二天我头疼欲裂宿醉未消，心里却感觉棒极了。我怀疑科洛早知道我想说什么，但他却让我尽情吐露自己的羞愧，他所给予我的温暖，使我有勇气结束那一段时期的自我精神折磨。现在回想起来，正是那天晚上他的同理心让我有了信心，与安妮塔再次分享了自己的羞愧。

我知道自己不是特例，人人心里都藏着有愧于心的故事。有些羞愧无足轻重，有些则痛彻心扉，它会阻碍一个人的个人发展或迫使这个人对所做之事遮遮掩掩。诚如马克·曼森（Mark Manson）所言，"在心理上毁掉我们所有人的恰恰是对所做之事**遮遮掩掩，而不是羞愧本身**。"

无论你一直以来有何种羞愧，现在是时候停止遮掩了。把羞愧和自我分开，学会与羞愧共情，然后与人分享。只有这样，你才能真正做到对羞愧放手。

第 **2** 章

边展示边讲述

1988 年，灰刺小学的比尤利老师（Mrs. Bewley）上的星期五的课是孩子们最喜欢的课。倒不是因为周末即将到来，而是因为周五是孩子们上台"边展示边讲述"的日子。和体育课一样，这是我最喜欢的课。

"边展示边讲述"这个活动你可能不太了解，就是老师让孩子们从家里随机带一个物品，可以是玩具也可以是运动器材，有时甚至可以不带任何东西只是讲个故事。反正就是让孩子站在全班面前，展示他带来的物品，讲述与这个物品相关的事情。规则规定，一个同学讲完后，必须回答同学们问的 3 个问题。比尤利老师班上的孩子无一例外地总爱问："你喜欢这个东西吗？""是谁给你的这个东西？""你平时把它放在哪里呢？"

我二年级时最好的朋友叫安德鲁·克劳福德（Andrew Crawford），他总能让我开怀大笑。他最擅长在别人展示、讲述完以后问一些无厘头的问题。记得有一次，班上一个很受欢迎的女孩格丽塔·特雷夫斯（Greta Thraves）向我们讲述了她一家计划去昆士兰度假的故事。讲完后她扫视观众等待提问，安德鲁举手了。格丽塔说："问吧，安德鲁。"可是这家伙却问，"你平时把它放在哪里呢？"这个提问真能把 8 岁的我笑死。还有一次，贾斯汀（Justin）那个爱害羞的小男孩告诉我们，他在周末的一场大型比赛中获胜了，结果安德鲁却问道，"是谁给你的这个东西？"他简直是个活宝！

在比尤利老师的花名册上，孩子们轮流从家里带来宝贝，在全班同学面前吹嘘这个宝贝有多好。老师没给任何限制，只要是我们喜欢的东西，带什么都行。1988 年我 8 岁生日那天正好是星期一，这开启了我孩提时代最漫长的一周。那个周五，一共会有 4 个孩子上台展示，但那意味着我得等上**整整 4 天**，才能让自己的生日礼物闪亮登场。对于一个 8 岁小孩来说，4 天简直就是 4 年啊。

周五的表演终于到来了，比尤利老师点名叫我们走到教室前面。我特意走到最后，我知道我的宝贝会让所有人大吃一惊。作为一个大公无私的二年级学生，我觉得让别人跟在我后面是不公平的，更明智的做法是把最好的东西留到最后，然后作为压轴节目结束这次表演。

我一只手拿着一个旋转的陀螺，上面彩灯闪烁并发出奇怪的嗡嗡声。虽然我觉得这个东西也很值得一看，但它只是为主角拉开序幕的配角而已。真正的主角藏在我身后呢，是一个全新的澳式橄榄球联赛（AFL）的雪林（Sherrin）橄榄球。星期一早上父母把它送给我时，它立刻就成了我最宝贵的财产。

我一收到这个红色橄榄球，就用皮革专用防水油把它擦得油光锃亮并把它放在床尾。既然周五要带它上台，我决定周末前都不碰它，一定要确保学校里的每个人都看到它崭新完好的状态。现在，我站在前3个人后面，等待高光时刻的到来。悲催的是，我突然意识到炫耀橄榄球并不是当务之急，拜课间休息喝的那一大杯汽水所赐，我想上厕所了。

我有点为难，因为要是我离开教室的话，大家都会看到我背后的宝贝，所以我决定忍着。谢天谢地，前两个孩子说得很快。他们展示了物品，回答了一些问题，大家鼓掌后他们就回座位了。

很好，我想，我会顺利完成的。

下一个是娜塔莎（Natasha）。我永远不会忘记这丫头，因为她是凯莉·米诺格（Kylie Minogue）的妹妹，至少她自称是。每当娜塔莎因为自己那个和流行巨星不同的姓氏而被同学找碴时，她总是会硬邦邦地回一句"问我妈去！"完全是一副不容置疑的语气。

在那天那个特殊的日子，娜塔莎倒是没有拿她那个巨星姐姐大做文章，她讲的是自己制作的压花书。很好，这也会很快的，我想。而此时此刻我膀胱的压力已然到了临界值。可是娜塔莎对自己的压花非常自豪，还煞费苦心地向同学们展示每一朵被她小心翼翼地压进书里的花。

娜塔莎的展示环节终于结束了，同学们纷纷鼓掌，她也回到座位坐下了，可是我不好了，大事不好了！此时此刻大家的注意力都集中到了我身上。我一边紧握着那个旋转的陀螺，一边把橄榄球藏在身后，我知道自己不能半途而废，毕竟我的展示才是压轴好戏。

"下午好比尤利老师，下午好同学们。"我女高音一般的声音颤抖着。当时的我被尿憋得头痛，之前排练了一个星期的演讲，现在一个字都想不起来了。我闭上眼睛，强迫身体里的每个细胞振作起来。"今天，我……我要，我要给你们展示……"

接下来你就听到20多个孩子爆发出尖叫声，他们目瞪口呆，一股热流洇湿了我的运动裤，然后一路向下，打湿了我的凉鞋，流淌到了地板上。

在小学教师中有一句古老的格言，说的是那些会让学校陷入混乱的事情。第一件事是午餐时间学校操场上来了一条狗，第二件事是一只鸟被困在了教室里。但如果你没见过哪个孩子在全班同学面前尿裤子，那你还不算知道什么是混乱，这简直比一只鸟和一条狗被困在教室里还要糟糕。

所有的孩子几乎都跳了起来，跑来跑去，大声尖叫。注意，不是跑向门口，而是随便乱跑，像碰碰车一样拐来拐去，尽量避开我。"你喜欢这个东西吗？"安德鲁大声喊道。

有趣的是，多年后在公众面前演讲居然成了我的谋生之道，因为当时即使空气中充满了尖叫声，我的凉鞋里都是尿，我还是在努力输出信息。"今天我想给你们展示这个很棒的旋转陀螺，"我一边把陀螺举在手里，一边抽泣着说，"我还带来了一个崭新的……"

这时，比尤利老师走了过来，她轻轻地把手放在我的肩上，建议我到此为止："来吧，休，我们来把你收拾干净吧。"她陪我到厕所，我弯着腰坐在地板上，身体蜷缩得像个球，心想：这下好了，我该怎么回到教室呢？我还能有朋友吗？

"休，你在里面还好吗？"比尤利老师从外面问我。

"不好，我想要妈妈。"我怯怯地说道，感觉自己像只小老鼠。

其实那时学校已经给我妈妈打电话了，10分钟后，我听到了妈妈的声音。

她拿来了我的书包，也带来了可以换的衣裤。见到她，我从来没有那么高兴过。在开车回家的路上，她让我告诉她发生了什么事情。更重要的是她问我感觉怎么样。

"我既害羞又难过，妈妈。"我低着头说。

"你为什么会有这种感觉呢，亲爱的？"她温柔地问。

"这下没人想和我交朋友了，每个人都会觉得我很恶心。"我感觉糟透了。

在那一刻，妈妈做到了"当场检查"我的情绪反应。"完全不会，亲爱的，你是个可爱的孩子，"她安慰我，"你出了点小事故，这并不会影响什么，你仍然是个可爱的孩子。如果你现在回到教室，同学们可能会觉得有点别扭，但下周一大家就都忘了。"

作为一个母亲，孩子的保护者，妈妈本能地把我的事情接过来，努力掌控局面，她这样做让我轻松了许多。倘若她没有问我真实的感受和想法，我内心深处肯定会责怪自己，然后发展成一种羞耻感。我会觉得自己很糟糕，没人会愿意和我交朋友。这就是个典型的例子——为这个人感到羞耻，而不是为其行为感到羞耻。

爸爸回家时，比起在学校男厕所地板上蜷成球状的自己，我感觉好多了。我和妈妈告诉他整件事情，爸爸一开始的微笑逐渐变成了同情的表情，越往后听我越觉得他在尽量控制自己不笑出声来。我不伤心也不生气了，因为从爸爸眼中的光芒我可以看出，发生这种事也并不是世界末日。我讲完整件事后与爸爸紧紧拥抱在了一起。我邀请他走入我的内心，带他四处参观，感觉我们一起经历了整件事情。换句话说，分享会让他人产生同理心，而且一定要记住："在同理心面前羞愧没有容身之处"。

我的父母，尤其是妈妈，非常擅长帮助我管理情绪。然而不幸的是，父母不可能总在身边随时帮你拆除羞愧炸弹，而有些炸弹还喜欢在很久以后才爆炸。正因为羞愧是一种非常普遍的情绪，所以没有必要回避它。

安妮塔帮我意识到，我成年后经历的每一次羞愧，都可以追溯到过去的某件事情。所有这些事件的共同之处是，当时我没有与爸爸妈妈或其他任何人分享自己的感受。在没有同理心介入的情况下，这些给我带来羞愧的事件渗透在我的脑海中，并持续对我产生了负面影响。

为了说明这一点，让我们再聊聊第一章中提到过的两个羞愧心结。

· 我长得不够好看

9 岁时我加入了人生第一个体育训练队——超牛的巴尔温开拓者篮球俱乐部。那天爸爸把我送到体育馆参加第一次训练，我的喜悦和兴奋前所未有。我拍着全新的篮球，自信满满地接近那群即将成为我新队友的家伙，要知道更棒的一点是，他们也会是我的新朋友。

然而，当我加入那帮 10 岁以下的孩子们时，一个男孩看了我一眼就开始"咯咯"地笑，然后他指着我，突然大笑着说："天哪！兔八哥来了！你不会真的跟我们一队吧？"

其他人哄堂大笑。

"看他的牙！就跟兔八哥一样！"

"我的天哪，他的眼睛好大！"

我笑了笑，假装我也觉得这很有趣。然后我试图融入他们，但每次我说话时都有人会打断我说："呃，怎么了，兔八哥？"

我得先为这些孩子说句公道话，现在我看着自己小时候的照片，发现他们其实并没说错。但这对 9 岁的我来说，沉重地打击了我的自尊心。那天晚上，我独自一人在房间里哭了起来。于是，一个关于羞愧的心结开始了："我长得不够好看"。

在之后的几十年里，我经常对自己的外貌不自信，尤其是在女孩子面前，甚至30多岁了还是如此。我永远不会忘记第一次约会时，我与现在的妻子佩妮（Penny）坐在一张桌子上，我对自己说，幽默点，因为这个女人对你来说长得太漂亮了。如今当我看着自己的孩子们玩耍时，我特别想知道，如果那天晚上打完篮球回家，我和父母分享这件我被人取笑的事情，而不是坐在房间里独自流泪的话，后来的我对自己的认识会不会有所不同。

· 我不够聪明

我在凯里语法学校上9年级的时候，被选入了11人板球队，其成员主要是12年级的男孩子。巧的是我的数学老师也是这个球队的教练。每周五我上的第一节课是数学课，下午有板球训练，所以我和数学老师上午下午都会见面。下午我带着押了圆珠笔换来的板球和那些大男孩一起坐公共汽车去打板球。一个星期五的早上，数学老师把大家的考试卷子发下来，但他并没有批改我的卷子。他说，"我今天下午在板球训练时再把你的卷子给你。"

下午，在我们板球队准备战斗时，老师当着其他球员的面把卷子递给了我。"38分，全班最低分，休。"他说。

就这样，我萌生了自己不够聪明的想法。"全班最低分"这句话那天一直在我的脑海里回响。随着时间的推移，这几个字演变成了糟糕的 3 个字"我很笨"。

今天的我，特别想回到那一天，在板球队更衣室里给 15 岁的自己说一番打气的话。"你真不笨，伙计。也许数学不是你的强项，当然你的数学成绩确实很差，但这并不意味着你很笨。你喜欢英语，喜欢写作，而且历史学得特别好。我保证你将来永远不需要用到二次方程。"

不幸的是，从那之后，我对所有科目都没有了信心。

这就是羞耻的力量。

有一点我很清楚，这些关于羞耻的经历并没有阻碍我的生活。事实上 12 年级的时候我已经做到重新定义了自己"不够聪明"的说辞。不过我很幸运，体育特长让我在其他方面很有信心。还有一点我很清楚，在"羞耻色谱"上我的情况是属于最底层的。很多人则没那么幸运，尤其是有些人的羞耻来自本该爱他们、关心他们的人。

美国商人兼作家约翰·布拉德肖（John Bradshaw）在其开创性著作《摆脱羞耻感》（*Healing the Shame That Binds You*）中写道："遭受过极度羞辱的人，在接下来的人生道路上往往会变得越来越停滞不前。他们做事谨小慎微、遮遮掩掩，对任何人都存有戒心。他们要么特别强势（追求完美、控制欲强），要么特别弱势（对生活失去兴趣，或沉溺在某些上瘾行为中无法自拔）。"

　　以上我分享了自己小时候那次惨不忍睹的"边展示边讲述"的经历，以及数学考了全班最低分的故事，我想说明的是，如果把羞愧感发泄出来而不是一直藏在心里，结果会全然不同。想知道我尿裤子后星期一回到学校发生了什么吗？一切顺利！我在后来的人生中遇到过一些非常挑战内心是否强大的时刻，但都比不上那天我回到教室的情景。那天一早，我无意中听到一个同学告诉另一个男孩周五发生的事情，因为那个男孩周五没来上学，错过了一场好戏。

　　我当时马上想起了和爸爸互动时的美丽心情，于是决定由自己来控制这个故事的走向。我走过去，向那个男生绘声绘色地描述了自己是怎么在全班同学面前尿裤子的。那个男生笑得我都担心他也要尿裤子了。在我们 3 个人哈哈大笑的那个瞬间，我意识到自己找对了方法，可以把不好的事情变成好事。

　　我分享了自己的不堪经历，然后我就放手了。

　　那可不是我最后一次在人前出丑。2010 年至今我做过 5000 多次演讲，其间出丑出错的次数多到我都懒得统计了。不过有一次情况格外令人印象深刻。

　　2019 年，我要在墨尔本会议中心发表一次演讲。当时我由于大量运动，左膝髌骨肌腱损伤的症状加重。这是一种非常痛苦的疾病，如果我站立超过 45 分钟，就会苦不堪言，服用抗炎药物会缓解一些疼痛。

　　因为演讲结束后第二天早上我得坐飞机去悉尼，所以我开了些安眠药替马西泮，计划在会议中心的演讲结束后立即服用。要知道，面对很多观众演讲经常让我非常兴奋，要过很长时间才能放松下来，有时我直到第二天早上6点才能入睡。

就在走上会议中心的讲台之前，我坐在房间候场时，伸手拿了消炎药，用一大口水服下了一片。把药扔回书包时，我看到药片泡罩包装的底部用黑色字母赫然写着"Temazepam"（替马西泮的英文拼写）。"天哪！"我大叫了一声，冲向水槽，把手指塞进喉咙里拼命想让自己吐出来，但无济于事，我这个人似乎没有呕吐反射，不过我还是得试一试。我在水池边弯下腰，将整只手都塞进嘴里，这时一个英俊的引座员走了进来，告诉我该上场了。

看到我想吐，他亲切地安慰我说："您一定很紧张，我听说很多人在上台表演前身体都会感觉不舒服。别担心，我相信您一上台就会感觉很棒的。"

我当时多希望我只是紧张啊，而不是因为那片替马西泮。我的铁胃完全不听指挥，坚决不把药片吐出来。我会在2600名来听我演讲的观众面前睡着的。

上台时我只想着一件事：多长时间以后我会脸着地栽倒在地板上流口水？说实话在那一刻，我不确信自己是否回忆起了当年尿裤子的经历，但毫无疑问，当时我的潜意识发挥作用了。当时的我清楚地知道，一场灾难即将到来，我若想幸存，唯一的做法就是，接受现实并把它分享出来。

"好吧，在开始今晚的演讲之前，我想给大家一个小小的警告，"我对观众说，"这不是笑话，也不应该是今天演讲的一部分，但我刚刚不小心吞下了一片安眠药，而我原本打算服用的是消炎药。"

观众们哄堂大笑，显然觉得我是在开玩笑。"不，不，"我说，"我必须再次强调，这不是我今天演讲原定的开场白。我真的是刚刚搞砸了，大约10分钟前我误服了一片安眠药。我只是想让你们知道这件事，因为我不知道接下来会发生什么。"

观众的笑声从热烈的看穿把戏状变成了一些零星不自然的笑声。

说完之后，我开始了演讲。大约45分钟后，我觉得安眠药里的化学物质要起作用了。一种麻木感笼罩着我，我感到无力而放松，好像我肌肉的电源被切断了，所有关节间充满了热乎乎的润滑油。然而嘴却像撒哈拉沙漠一样干燥，我几乎说不出话来了。

哦，不！我知道，睡意来了。

我知道自己团队的一些工作人员分散在礼堂四处，我于是发出了一句求救。我说，"我的工作人员在吗，我现在特别想喝一杯可乐。"不知道是不是当时只有我一个人觉得自己的声音听起来又粗又慢。我也想知道是什么样的糟糕演讲者会突然暂停演讲，让别人给他来一杯可乐。

我们公司的首席执行官本·沃特曼（Ben Waterman）一如既

往地跑来救场了。他冲向一台自动售货机，以打破世界纪录的速度买了一罐可乐，然后把它交给一名观众走近舞台递给我。尽管浑身的麻木感开始聚集，我听到自己说，"这是什么？我要了一杯可乐！"

这显然很滑稽，因为人们都笑了。当我站在舞台中间，如独行侠般狂喝饮料时，他们又笑了起来。事实证明，少量糖和咖啡因的冲击对替马西泮毫无用处。但可乐里的碳酸确实很给力，接下来的 3 分钟里，我接连打嗝，就像《辛普森一家》(*The Simpsons*) 里的巴尔尼一样。

令人难以置信的是，我竟然一直站着没倒下，并坚持做完了演讲。我把它归结为一成来自肾上腺素，九成来自观众的支持。我做过那么多演讲，这次可能不是最精彩的一次，但它绝对是与观众最亲密的一次。

我一开始就向观众暴露出自己的脆弱，承认自己服错药了，这样会场里的观众对我就产生了同理心。那天晚上不但没成为一场灾难，反而是我和一群陌生人有过的最亲密的经历。观众们被共情联系在一起，因为我一开始就邀请他们和我一起进入战壕。和我一样，他们一直在担心我是否会倒地，同时也像我一样，他们想让我完成演讲。

本·克劳 (Ben Crowe) 是一位声名显赫的职场导师兼领导力教练，他曾帮助诸如安德烈·阿加西 (Andre Agassi)、阿什·巴蒂 (Ash Barty) 和斯蒂芬妮·吉尔莫 (Stephanie

Gilmore）等世界级运动员化解羞愧的心结。他一直倡导"承认自己的经历"。然而，把自己的经历仔细梳理一遍，这说起来容易做起来难。正如本·克劳所说，"人们非常害怕自己可能会发现什么。"

练习

亲爱的我自己

不是每个人都能找到像本·克劳这样优秀的顾问或治疗师，但这不应阻止我们探索自己羞愧经历的脚步。有用的做法是：找时间给年轻时的自己写封信，一封充满善意的信。可能是写给9岁或15岁时的你自己，信中应该找到自己羞愧的根源。以我自己为例，我写信给9年级的自己，他爱穿白色衣服，认为自己是个学习上的蠢材。想想看，年少时有所羞愧的你，想从已经成年的你那里听到些什么样的话语？

绘制你的生活地图

为了帮助自己更好地写出这封信，绘制一个时间表，想想哪些事件把你塑造成了今天这个样子。列出你经历过的10件特别艰难的事情，问问自己，"哪件事让我自己产生了羞愧？"

然后，在另一张纸上，列出你现在拜哪些难事所赐，转而拥有的所有优势。

看看你周围那些也拥有类似经历的人，想想他们因此有了哪些收获，这种做法也很有帮助。对我而言，那个人就是乔治亚，因为在承认自己不堪经历这方面，没有人比我妹妹做得更好了。有一次我对她说："我仍然对当年害你的那个家伙恨之入骨。"她却回答说："我不恨他了。事实上，正是这次经历让我走上了现在这条很棒的道路。看看现在的我，致力于帮助那些也曾受到创伤影响的年轻人。如果没有那件事，我是不会走上这条道路的，而且，你也不会成为今天这个样子。"

我还没有达到乔治亚的境界，但我一直在努力。

期望

第 **3** 章

美丽的失态

谁会想到世界会变成现在这样呢？

新冠病毒全球大流行，航空公司停飞，各国关闭国境，无论到哪都戴口罩，召开线上会议，街头巷尾大谈病毒变异。

人们很容易觉得，新冠病毒暴发前的日子是无忧无虑的宁静时光，那时一切都很简单轻松，满是平安和喜乐。

然而人的存在本质上就是一场斗争，是介于出生和不可避免的死亡之间摇摆不定、战战兢兢的过山车之旅。表面上看似乎是一种病毒破坏了所有人的生活，但实际上，很多人已经脱轨很长一段时间了。

尽管新冠病毒大流行对人们的生活方式产生了毁灭性的影响，但不应该忘记，我们的生活在此之前就已经一团糟了。世界卫生组织 2017 年发布的数据显示，澳大利亚是全球抑郁症患病率最高的国家之一。排名第一的是乌克兰，有 6.3% 的人患有抑郁症，而在澳大利亚、爱沙尼亚和美国，这个百分比是 5.9%。

针对澳大利亚年轻人的统计数字甚至更糟。"澳大利亚韧性青年"组织的一项调查发现，多达 40% 的中学生面临心理健康问题。更令人担忧的是，24% 的 9 岁至 12 岁儿童也反映自己有心理健康问题，这可是四分之一的小学生啊！

人们心理健康状况不佳的原因五花八门，可能来自冲突、创伤、严重的疾病，甚至是遗传疾病。在许多情况下，我们在这方面没有发言权，比如在一个人失去至亲、经历婚姻破裂或遭受精神、身体虐待之后，可能会导致其心理健康状况不佳。其他原因则像前两章中的例子那样，随着时间的推移，在一个人的头脑中肆意发展，没有任何来自外人的输入。对我本人而言，给我带来意想不到的压力和担忧的一个原因就是不合理的期望。

有些人形容期望是"有预谋的怨恨"。当一个人对别人的期待没有得到满足时，会感到失望。而当一个人没有达到对自己的期望时，则会感觉自己是一个废物，充满羞愧，觉得自己不配得到爱。当我们对自己失望时，批判性的自言自语就会没完没了。

但是往往人们对自己的期望是不合理的。人们为自己下意识设定了较高的标准，而在达不到标准时就将自己淹没在消极情绪中。人们从来没有真正质疑过这些标准，从来没有坐下来分析这些标准从何而来。如果你真的说出对自己的期望，你会发现这些说法通常都以"我必须"来开头。例如：

- 我必须每天锻炼。
- 我必须让房子始终保持干净。
- 跟别人在一起时我必须让每个人都开心。
- 跟这些人在一起时我必须负责活跃气氛。

为什么<u>必须</u>要做到这些事，我们却从来没有质疑过。

"<u>为什么</u>我必须每天锻炼呢？"答案是为了保持健康，这很好，但偶尔错过一天应该也不会影响什么，没必要因为偶尔的不完美而对自己那么苛刻。

房子一尘不染的时候，我感到心平气和。这种感觉很棒，但如果你家里有孩子的话，这种期望是不现实的。我们需要学会放松自己，以避免不切实际的期望所带来的负面情绪。

我十几岁时对自己的期望很高。我不仅坚持认为自己必须好好的，我还有责任让其他<u>人</u>都好好的。作为一个成年人，我努力做到这一点，这10年时间我去过很多地方，与人们在学校、单位、体育俱乐部、会议室和社区活动大厅里交谈，拼命想拯救苍生，帮助人们应对澳大利亚日益严重的心理健康危机。

现在看来，我对自己的期望在很多时候都是件好事。我也很幸运，多数时候真的感到一切都很顺利。我此前从未患过精神疾病，我自认为是一个快乐的人。当然我也跟所有人一样有起起落落，但是在悲伤难过时，希望自己永远顺利的期望对我来说则是灾难性的。直到2019年年底，我感觉自己的情绪状况急转直下。

在2019年的最后一周，根据日程安排我得在两个州之间穿梭进行多次演讲。首先，我在星期一早上得去埃森顿橄榄球俱乐部。然后下午我得飞奔穿过全城，在四大银行中的其中一家给企业界人士做一个演讲。第二天，我按计划得飞往昆士兰与黄金海岸太阳橄榄球俱乐部，然后从库兰加塔驱车前往阳光海岸，与阿德莱德港口橄榄球俱乐部成员进行为期 3 天的训练营。我将以紧锣密鼓的工作来结束这一年。

然而，周一早上醒来的那一刻，我感觉自己就像个幽灵，那种心里空荡荡、了无生气的感觉之前从来没有过。如果说我的情绪是一口井，那口井是干的，完全没有什么源头活水可以再分享给别人了。我甚至无法假装没事，所以我就静静地躺着。虽然我一句话也没说，但是妻子佩妮总能敏锐捕捉到我的细微变化，她当时怀着女儿埃尔西（Elsie）。她努力翻过身来，对我笑了笑说，"只剩一周了"。

需要休息的人可不止我一个。我无休止的出差和海量的工作害得佩妮只能独自承担家务还要照顾儿子本吉（Benji）。随着本吉从一个蹒跚学步的孩子日渐长大，她的工作强度越来越大。"我去遛狗，你可以把本吉叫醒。"她一边说一边离开房间去找拴狗绳。

"好吧。"我勉强地回答。

几分钟后，佩妮回到了卧室。"你在做什么？"她问了一句。

我还没把本吉叫醒，我纹丝未动，其实我在哭，痛哭流涕。

"怎么了？"佩妮问。

"我下不了床，"我抽泣着说，"我不知道为什么，就是下不了床。"

"你说什么呢？"佩妮的语气很困惑，她的表情似乎在说

"我应该担心吗？还是你在开玩笑？"

"我不知道发生了什么，"我急促而激动地说，"我就是下不了床，我什么也做不了了，我没有站起来的力气。"

最终，我鼓足勇气打电话给公司的首席执行官本，问他我能不能取消本周的日程安排。

本很同情我的遭遇，他说会打几个电话重新安排一下，但是我知道自己让所有人失望了。我说，"这些人一年前就预定请我去演讲，打电话改期可不容易，而且，咱们公司名叫'韧性项目'，不守约似乎也不是我们的风格。"

"你说得对。"本承认道。

我把自己从床上拉起来，把一只脚放在另一只脚的前面让自己走起来。两个小时后，我就出现在埃森顿橄榄球俱乐部的全体球员面前。通常，当演讲前主办方把我介绍给观众时，我总想说点一鸣惊人的话，就像打开宝藏前最后一分钟所说的咒语。这听起来傲慢得可笑，但这往往有助于我在做一些需要自信才能完成的事情之前保持最佳状态。但是那天，我对自己说的咒语再简单不过了：搞定今天这个演讲。

我几乎不记得那天早上自己说了些什么，也不记得效果如何。不过我确实实现了一个不那么高的目标——我搞定了那个演讲。回到车里后，我得知本打了几个电话，重新安排了面向银行界人士的演讲日程，把它定在明年，我松了一口气。

第二天早上，我乘飞机飞往黄金海岸。到达太阳队的主场后，我严重怀疑自己这3天能否坚持下来。尽我所能打起精神，在去酒店的路上，我感到非常想家，想得心都痛了，这种感觉自我六年级参加学校夏令营后就再没有过。我特别想留在墨尔本，与妻子和儿子待在一起。

这种绝望的感觉一直持续到周三。我租了一辆车，开车两个半小时去马鲁基多尔，阿德莱德港口橄榄球俱乐部正在那里举办季前赛训练营。我真的很喜欢这个俱乐部的成员，之前两个赛季我跟他们共事很愉快，和他们在一起我会很兴奋。然而，那天却很特殊，我觉得自己仿佛是在开车进入一场噩梦。

两周前在阿德莱德我告诉球员们，我会参加他们在马鲁奇多雷开展的一些训练，并给他们简单介绍了我的计划。"在训练营的第一个晚上，我会让你们做一些非常需要勇气的事情，"我说。

这并不是他们所习惯的那种可能导致他们骨折的勇气。我要让他们在情绪方面突破自我，发自内心地分享自己的真实经历。我鼓励他们展示出自己脆弱的一面，而这对于很多澳大利亚男性（和女性）来说是一件很可怕的事情。

我向他们解释道，"我们在进入这个世界冒险之前就为自己穿上了盔甲，我们希望保护自己，不受别人评论的影响，也不让任何事情对我们的心理产生伤害，于是我们武装到牙齿。问题是，这样的盔甲会妨碍我们与他人建立真实且能切实改变我们人生的联系。所以，在训练营的第二个晚上，"我继续说，因为我已经得到了俱乐部心理专家的批准，"我要给你们一个机会，卸下盔甲，告诉大家你的真实经历。顺便说一句，这不是强制性的，强迫表现出来的脆弱不算数，但如果能有几个人说出自己真实的经历，我保证，这会让我们之间的联系更为紧密。这才是我们俱乐部所需要的，彼此之间建立起真正的纽带。"

这话两周之前听起来倒是个好主意，但现在，它预示着灾难。此刻的我情感能量都枯竭了，如何让这些钢铁硬汉站起来向众人暴露自己脆弱的一面呢？如果连我这个心理专家都显现出情感上的空白，那绝对会是一场灾难。

我越想越觉得，这次培训我不可能顺利完成。我开着车沿着公路往北走，打定主意准备告诉他们自己的航班被取消了，所以我去不了了。可是我刚做出这个决定，一辆满载俱乐部年轻球员的中巴车经过了我。我被发现了，现在我已经没有退路了。

接近目的地时，我打开了收音机，想分散一下自己的注意力，惊喜地听到一首 15 年前我非常喜欢的歌。我想起自己在墨尔本当小学老师的第一年，那时压力很大，为了让自己在工作前进入一个很好的状态，我经常播放我最喜欢的电影《情归新泽西》（*Garden State*）的配乐。专辑中我最喜欢的歌曲是英国弗弗乐队的《放手》（*Let Go*）。而此时此刻，在我预感不祥地开向马鲁基多尔时，车里满是这首歌的旋律。由于版权的原因，我无法在这里完整呈现这首歌的副歌部分，但简而言之，弗弗乐队敦促我们学会放手，全情投入，因为"失态中蕴含着美"。

这首歌的歌词我曾听过千遍，却从未思考过它的意义。然而那天，这些歌词让我（再次）流泪。这首歌唤起了我对那段时光的清晰回忆，当时我知道自己状态不好，但我选择继续前行，装作一切都很好——在自己的期望面前，我成了人质。这首歌也让我回忆起人生道路上遇到的一些人，他们的经历告诉我，是的，失态中确实蕴含着美。

· 当脆弱与期望相遇

展现自己的脆弱是人类的一种颇为矛盾的强大意愿，矛盾在于心甘情愿走出自己的情感舒适区，但它可以帮助我们应对许多困境，它甚至可以帮助我们摆脱来自自身期望的压力。所以我打算让阿德莱德港口俱乐部的球员们发自内心地分享自己所经历的难事。多亏了弗弗乐队，我抵达马鲁基多尔的时候，已经下定决心向这些小伙子们展示自己内心脆弱的一面了。

我离感觉良好其实还差得很远，我仍然想回家，但这是长久以来我第一次决定不再假装自己没事。我每个演讲的前两分钟总是精心设计的，因为你只有很短的时间来赢得观众，让他们决定是否继续听下去。我演讲前两分钟的套路总是一样的：幽默和自嘲。那天晚上，我也许是第一次放弃了这种套路。

"我彻底精疲力竭了，"我开始了演讲，心怦怦直跳，"我累坏了，情绪枯竭，虽然我很喜欢你们这些小伙子，但此时此刻我只想和妻子佩妮和儿子本吉待在一起。"

房间里的气氛突然变得紧张。前排的一个大个子球员本来一直在嚼蛋白质能量棒，他索性停下来不嚼了，仿佛在强调现场的尴尬。"嗯，这一年我过得很累，"我继续说，"此时我想家的情绪前所未有。但这次培训对你我来说都非常重要，我不可能取消，也一直很期待开始，所以我现在打算把话语权转交给你们。有人愿意分享自己的经历吗？"

一名年轻球员，就是坐中巴来的球员中的一个，19 岁的扎克·巴特斯（Zak Butters）站了起来，"我先说吧。"在接下来的15 分钟里，扎克给我们讲了一个令人心碎的故事。故事发生在上个赛季，也就是他参加澳式橄榄球职业联赛的第一年。眼泪从这个年轻人的眼角流下来，他说自己的姐姐失踪了。警察来过他家，把他姐姐列为失踪人员，事实上这个女孩子一直在与毒瘾做斗争。人们在两周后才终于找到了她。

俱乐部里几乎没有人知道这件事。但现在，扎克愿意暴露自己的脆弱与队友坦诚相见，你能感觉到团队的爱和同理心瞬间拥抱了他。扎克的勇气为接下来的时间定下了基调，在随后的几个小时里，又有 15 个小伙子站起来，分享了他们生活中艰难的真实经历或令人心碎的事。

那个夜晚成了治愈我疲惫心灵的一剂良药。这些小伙子所展现出来的超级能量在我们所有人身上激发出了一些神奇的东西。我们之间瞬间建立起了强大而不可否认的精神纽带。一旦像这样敞开自己的心扉，你就不会回到过去的状态，而且从长远来看，你们永远都会紧密联系在一起。这就是彼此之间建立起真实联系的力量。

本来我是那么害怕参加这次活动，差点知难而退了，马鲁基多尔之旅结束时，我竟与他们依依不舍了。说实话，我的部分人格真想跟他们多待一段时间。我仍然非常想念家人，渴望回家，但我觉得 3 天以来我的几近失态已经变成了另外一个东西——原来它可以很美丽。

周五与这些球员告别后，我对脆弱的力量感到惊讶。它就像一根牵引梁，把我拉出了情感的黑洞，然后我就看到它把一群人前所未有地团结在一起，比任何时候都更紧密。随着时间的推移，那晚播下的种子也在球员们后来参与的比赛中生根发芽。阿德莱德港口队在 2020 年位居联赛榜首，这是该俱乐部历史上最好的成绩之一。我并不是说这归功于我或那次培训，他们俱乐部的球员非常了不起，教练组也很棒。然而在每一次赛后的采访中，我都听到球员们说："这个俱乐部的成员，彼此之间有某种非常特殊的联系。"这些小伙子那天晚上冒险走出了自己的情感舒适区，这些小伙子值得夸奖。

在开长途车回到库兰加塔的路上，我在声破天（流媒体音乐平台）上找到了弗弗乐队的歌，一路上反复播放《放手》。之前在去营地的路上，歌词里的"放手"给了我力量，然而在从营地回家的路上，真正打动我的却是"失态中蕴含着美"那句歌词。仅仅 7 天之内发生的事情，真是太美好了。我的结论是，失态之所以蕴含着美，是因为当一个人卸下防备并承认自己正处于低谷时，就会变得谦逊和好奇。对我来说，谦逊让我原谅自己状态不好，好奇使我想了解自己根深蒂固的期望最初从何而来。

但愿我能告诉你们，2019 年的我已经弄清楚了自己的很多问题，并且在和家人共度暑假后，我重新设定了对自己的期望。但下一章你们就会看到，我其实学习得很慢。

第 **4** 章

心魔

与许多致力于心理健康的公司一样，我所在的公司"韧性项目"在 2020 年年初新冠病毒肺炎疫情席卷澳大利亚后经历了需求的激增。尽管在接下来的几个月里，一系列的封锁和旅行限制令我们无法走进社区与客户面对面交流，但交流可以在线上会议软件和我们自己开发的小程序上得以实现。虽然不能走进学校、市政厅或公司的会议室与客户交谈，但我们重新设计了交流工具，在网上举办会议。我也一直接受电台采访，尽我所能地帮助大家。

在直播间里说出"我完全彻底崩溃了"的之前几周，有一次我受邀在另一个调频电台担任发言嘉宾。我负责 15 分钟的听众来电环节，可是节目刚进行 5 分钟，主持人就打断我说，"好的，专家，说得太棒了。现在我们来听听直升机上的史蒂夫（Steve）为我们带来的此刻交通情况。"我甚至还没机会感谢节目组邀请我，听众的电话就进来了。万事总是有得有失，我对自己说。或者更确切地套用一个朋友曾经对我说的话，"得不偿失"。

5 分钟后，我的电话铃响了，这是一个私人电话号码。我通常不接听不认识的号码，但我发现自己很难抗拒私人号码。

"你好，我是休。"

"嗨，休，我是史蒂夫。"对方说。

"什么？你从直升机上打来的电话吗？"我震惊地问。

"什么意思啊？"史蒂夫问，他显然<u>不是</u>那个直升机上的人。

"对不起，我搞错了，史蒂夫！"我说着，尽量忍住不笑，"有什么需要我的地方吗？"

"我刚在收音机里听到您的讲话了。我在一家超市工作，不知能不能请您来给我的团队培训一下。"

"哦，谢谢你，伙计，"我回答，"那你发个电子邮件给我们公司网站吧，劳拉（Laura）会回复你的。"我并不是想糊弄他，而是我在处理行政事务方面真的不太擅长，好在我的团队总有精兵强将来处理预约和日程安排这方面的事情。

"哦。"他说，声音听起来有点吃惊，紧接着是一阵尴尬的停顿。"只是我的团队规模很大……"

"很好，伙计，"我说，眼神示意刚刚打断我节目的那个主持人。"好吧，把邮件发送到我们公司网站，如果情况允许，我特别希望能去你们超市发表演讲。"

"我不在店里，"史蒂夫固执地不肯挂电话，"我在总部工作。"

"是吗，抱歉，如果你给我们发邮件的话，我很希望能去贵公司总部。你的团队有多少人，史蒂夫？"

"哦，12万人。"他平静地回答。

"你说什么？"我当时发出的声音一定很响。

"我是首席执行官，休。"

"哦，好，很好，很棒，那太好了。"我笨嘴拙舌地说道。

"现在的情况是，我想尽我所能为那么多优秀的员工做点什么。你和贵公司能为12万人提供心理健康培训吗？"

"我们当然可以。"我匆忙并自以为是地答应了下来。

"好极了，那就让我们来实现这个目标吧。"他可能还在想我为什么以为他在直升机上。

在接下来的几周里，我们公司为这家连锁超市的所有员工制订了一个方案，而且与该超市的合作让我感到非常自豪。该方案的一部分是在线会议，超市员工可以在线上与一名心理学家和我开展一次所谓的"同伴学习"。我们鼓励这些员工暴露出自己脆弱的一面，分享生活中他们难以解决的问题。这个想法很简单：在一个安全的（尽管是线上会议平台）地方，人们可以敞开心扉畅所欲言。

其中一些线上会谈的内容非常感人。在墨尔本第二次经历令人苦不堪言的封锁时期，一名中年男子突然在网络会议室打开麦克风说，"伙计们，我真的很难受，这次封锁让我在情感上不堪重负，我觉得自己垮了。我该怎么办呢？"

我承认说："我也很难受，所以可能现在我也无法告诉你该做什么。但我想说，你需要找一个有资质的心理治疗师谈谈。心理顾问、社会工作者、心理学家都可以。如果你不想找这些人的话，至少你需要跟朋友聊聊。"

他哼了一声，不置可否，于是我继续说道，"兄弟，如果你牙齿有问题就去看牙医，受伤了就去看理疗师，那么在情感上和精神上出了问题的话，又有什么区别呢？心理健康出了问题就该去找心理健康专家。"

"这说起来很容易，"他回答说，"但我不知道从何开始，也不知道怎么找到专家。我怎么才能找到我喜欢的专家呢？老实说，告诉别人我在看心理医生会让我有点不舒服。你显然是看过心理医生的，你是怎么找到那个专家的呢？"

"实际上，我还没去看过心理医生。"我说道。因为这次对话发生在我开始去见安妮塔之前。

"真的吗？"他说，听起来很惊讶。

"是的，"我回答说，"事实上，我从来没看过心理医生。"

"此话当真？如果你自己都没看过，你怎么能说服别人去看心理医生呢？"

我说，"你这个问题问得非常棒。我认为你指出这一点是非常正确的……你知道吗？我马上就要去看心理医生了。不过我希望你答应我，你也会这么做。"

有趣的是，原本我可以在很多别的场合放松警惕、展示脆弱，却选择了和一群完全陌生的人这样做，我们甚至都没法见面，而是在线上会议里交谈！但至少我这么做了，而且大声说了出来，我在封锁期间的困顿一下子突然变得非常真实。那天下午，我开始四处寻找一个合适的心理医生，我还意识到，网络会议上发言的那个人其实提出了不止一个合情合理的担忧。

例如，究竟该如何找到一个适合你的心理医生呢？我认识一些很棒的心理学家，我的第一反应就是，向他们求助，看看谁能提出好的建议。然而在思考这个问题的时候，我不禁想起，很多次人们在我演讲后专门找到我对我说："你不知道找一个专业人士交流有多难。"于是我决定想办法自己去找心理健康专家，体验一下其他人是怎么经历这个过程的。

在几周的时间里，我随机预约了 4 位心理医生。第一个是我在家附近发现的。当时我望向车窗外，看到了那个诊所，招牌设计得很漂亮，我寻思这应该是个优秀的心理医生，这家诊所应该适合我。

我把车停好，走进这家诊所做了预约。

第一次面诊从一开始就令人失望，那个心理医生走下楼梯，跟我打招呼的方式是挥舞一台电子支付装置。她甚至都没跟我说你好，直接说："你现在能把费用付一下吗？"她说，"我讨厌在面诊后下楼去办理付款事务。"

为什么我当时没能像那个电台主持人一样说一句"好的，专家。"然后离开呢？谁知道呢。这次面诊简直就是一场灾难，我离开时感觉非常不好。就这样，第一次失败了。

我的第二次面诊的地点是在城市的另一头。在花了很长时间在网上浏览墨尔本不同心理医生的资料后，我选择了这个人，也是有些随机的。我坐下来时他说,"我要喝点咖啡。"他身后的橱柜上有一个他自己的小型浓缩咖啡机。这么说可能有点小家子气,但是……他竟然没有给我也来一杯咖啡! 并不是说我有多想喝咖啡,而是我担心这个即将让我敞开心扉的人只有 3 岁小孩的社交能力。就这样,第二次面诊也失败了。

第三次面诊我选择了离家近的诊所,事实上,步行只需 5 分钟。面诊还算顺利,她是个很可爱的心理医生。但是当你要把自己的人生经历吐露给一个陌生人时,仅仅"还算顺利"是不够的。就这样,第三次面诊又失败了。

我沮丧地让步了,打电话给朋友玛丽亚(Maria),她是一位优秀的心理医生。"我能去找你问诊吗?"我恳求道。

"不行,"她回答得很果断,"因为那样的话我们就没法再做朋友了,我可不想这样。不过我准备介绍你认识一个非常出色的女心理医生,她的名字叫安妮塔。"

当时我也在电台上刚刚展示了自己的崩溃,向全国听众宣告了我在精神上的挣扎,所以我真的很希望安妮塔能帮到我。

我坐在她工作室的椅子上,感到非常舒服,我可以看出来,安妮塔热情、有同理心,而且非常专业。在生活中,每当我感到尴尬或不舒服时,我都会用幽默作为一种伪装来隐藏自己的真实感觉,这也是让人们在第一次见面时就喜欢上我的好方法。那天坐在椅子上,我还是抵挡不住自己想要幽默一把的冲动,于是我讲了一些那天早上发生的趣事。安妮塔耐心地微笑着听我说完,然后礼貌地笑了笑。病人的这种表现她是司空见惯的。要知道，安妮塔并不介意我的尴尬，她也不在乎我是不是想让她喜欢我，她不是来跟我交朋友的，她是来帮我重回正轨的。她克制的笑声告诉我，她就是我要找的"那个人"。

在制定了给我面诊的指导原则和目标后，安妮塔问我想从哪里开始。我用了平时应对困难话题同样的方法，我不敢直面这个话题，而是模糊地引用别人的话来描述自己的感受。"我想我现在的生活可以用一首歌的歌词来总结。"我告诉她。这是我最喜欢的《国度》(The National) 乐队的一首歌，有趣的是，歌名叫"恶魔"(*Demons*)。歌手马特·伯宁格 (Matt Berninger) 在歌中哀叹道，每当他走进一个房间，他都无法"点亮这个房间"。

"这简直说的就是我，"我告诉安妮塔，"自从我记事起，我就觉得自己的超能力就是能照亮每一个房间，让每个人的脸上都露出微笑。出于某种原因，我一直觉得我的工作就是让每个人都感到快乐。我很擅长这么做。"

我解释道，这种自我强加的期望开始于我妹妹对抗厌食症那段时间，因为我迫切地想要让全家人走出消沉。从十几岁时起，这种感觉就迅速发展成为一种执念，渗透到我生活的方方面面，从家庭到工作再到社交生活，甚至我对待偶然结识的人也是如此。当我觉得有人情绪低落时，我就开始焦虑。我会告诉自己，休，你得做点什么，让这些人开心起来。

安妮塔听着，我则十分痛苦地告诉她，这种期望强烈影响到了我生活的方方面面。我曾考虑过给她讲一个自己的经历，这样会让她对我的判断更精准，但是这件事情太令人尴尬了，我觉得会给人留下很糟的印象。然而，写到这里，我不妨与读者分享这个经历。

我 22 岁的时候，第一次参加了阿德莱德的赛季末橄榄球之旅。如果你对它没概念的话，让我告诉你，这东西最初是针对那些 10 个月不喝酒、不去酒吧或夜总会，还要严格遵守饮食规定的国家级橄榄球运动员的。也就是说，在几天的时间里，所有那 10 个月不能做的事情，他们现在都可以尽情去做，而且离家很远，不会被人认出来。

这个做法是如何扩展到全国各地的地方俱乐部的，我无从知晓。在地方俱乐部打球的话，球员们总是经常喝酒，每周六晚上出去，想吃什么随便吃，而且绝对没有人会认出你来。无论如何，赛季末的旅行是全国各地俱乐部的一种仪式般的存在。

我在阿德莱德的第一个晚上真是大开眼界。大家都兴奋得不睡觉，我睡了两个小时，一名资深球员评价这是"非常负责任的行为"。

第二天上午 10 点，我们 40 个人都聚集在酒店的酒吧里。不出所料，当时大家的情绪都比较低落，都几乎是"躺平"状态。我对这种缺乏活力和快乐的状态感到非常不舒服，甚至很焦虑。这帮人不开心，快做些什么，我内心的声音敦促自己。

由于没有真正的计划，我把其中一个人拉到一边，让他在 5

分钟内让所有人都出来，到酒店的前面来。"我消失一会儿，你让他们来到酒店前面，我有东西给大家看。"

我其实还不知道要做什么，我离开了酒吧沿着街慢跑，产生了一个模糊的想法，我要在大家面前闪亮登场。跑到两个街区之外后，我决定了，真正能振奋大家精神并给他们带来快乐的唯一方法就是，我再次出现时一丝不挂。

我站在阿德莱德的中央商务区，心里想着为了朋友们的幸福，我脱下了所有的衣服，只剩袜子和鞋子（我竟然可以公开承认这件事，抱歉，爸爸妈妈。事实上，我这么做可能不会让他们感到惊讶，可能我更应该向我的岳父母罗伯和安妮道歉）。我匆忙制订的"计划"就是光着身子慢跑经过酒店，就好像这是一件再正常不过的事情——这只不过是一个在户外锻炼身体的男人而已。这样做肯定会让伙伴们脸上露出笑容的！

当队友们聚集到酒店外时，我以稳定的速度慢跑过来，尽量模仿着史蒂夫·莫尼盖蒂（Steve Moneghetti）。我还没跑50米，就被一个穿着莱卡运动服戴着太阳镜的骑自行车的男士超过了。

"你是个白痴！"他从我身边经过时大声喊道。

你说得对，我心里想。然而，他一边骑车一边抛给我的话对当时的我而言，无异于发令员的枪声。

我跑得更起劲了！我加速冲刺，高抬腿，猛摆臂，开始追赶穿着莱卡运动服骑车的中年男子。

在离酒店越来越近时，我逐渐缩小了与那个人之间的差距。队友们看到我全裸着在路中间奔跑，发出了巨大的吼声。骑自行车的人向他们挥手表示感谢，以为他们在为他欢呼，这样做换来了他们更大声的欢呼。就在我们到达酒店位置的时候，那个骑自行车的人转头看见了我，就在他身后大约5米远的地方光着身子飞奔。

"你在干什么？！"他震惊地大声喊道。

然后他屁股离座，开始像个疯子一样蹬着自行车。我也切换到了高速挡，现在膝盖抬得更高了，手臂摆动达到了最大幅度。我们两个人并排飞驰过了酒店。我这辈子从来没有听到过比当时更狂放的众人的笑声。

笑声很快就消失了。"工作完成"后，骑自行车的人疾驰离开，我放慢了速度，喘着粗气。

我在一家商店的橱窗玻璃里瞥见了我自己。天哪，我在做什么呀？我问自己。我已经跑过了酒店，现在骑虎难下，因为我的衣服还堆在大约3个街区外的人行道上。我不能沿着原路返回，因为它会毁了我刚刚创造的精彩效果，所以我在下一个拐角处消失了，绕着道回到了最初的起点。

我知道你们不太可能曾经在上午10点赤身裸体地出现在某个大城市的市中心，但我向你保证，一旦肾上腺素消退，你一个人站在那里的时候，感觉真的很羞耻。我的荒谬行为也涉及一些技术和法律方面的问题：根据《南澳大利亚犯罪法》（*Southern*

Australian Crimes Act），"不雅行为"将被判处 3 个月的监禁，而我刚才别提有多不雅了。

我光着身子跑起来时，一心想着要给朋友们活跃气氛，所以压根就没有想到过这方面的问题。回去拿衣服的路实在太煎熬了，我沿着街道飞奔，匆匆跑过几家店面，突然开始良心发现，害怕自己冒犯到了别人。10 分钟后，我穿好衣服，回到了酒店的酒吧，表现得好像只是刚刚出去打了个电话。我故作天真地装傻问道，"我错过了什么好戏吗？发生了什么？"而同伴们则被我逗得前仰后合。

现在回想起将近 20 年前的那一天，我简直尴尬死了。但这件事证明了一点，那就是我总是觉得压力很大，总想"点亮房间"。这种事也不止发生了一次，而且现在我的工作就与它有关。对自己的这种期望让我在很多事情上都做得不好。长久以来我真的觉得让别人开心是我的责任。

"现在我做不到了，"我对安妮塔哀叹道，"我无法点亮某个房间。让我成为*我*的那个东西消失了，我感到非常非常失落。"

"你的工作能力怎么样？"她问我。

"哦，我在工作方面表现得很专业，这不是问题。做演讲现在已经是我的第二天性了，驾轻就熟。我觉得比较难应对的是那些社交场合，跟我很爱也很了解的人在一起的时候，现在我做不到让他们开心了。"

我又努力想了一下寻找答案。"不知道我是不是已经完全失去了这种能力，"我大声说，"或者说我已经精疲力竭了。"

我们没有马上找到答案。几个月后，我和她一起揭开了我对妹妹的羞愧，那个答案也随之出现了。我本以为我们俩会继续聊乔治亚的话题，可是安妮塔却引用了我在第一次面诊时跟她提到的歌词，这让我很惊讶。然后她问了我一个非常尖锐的问题。

"休，谁指望你点亮房间呢？"

"所有人，"我迅速回答，"父母、我的弟弟、朋友、同事，**所有人**。"

"真的是**所有人**吗？"她问，"你父母真的希望每次都看到由你把房间点亮吗？"

这个问题仿佛突然打了一下我的脸。我立刻想起每次自己在离开父母家的时候，对自己感到的那种失望，因为我没能让别人开心。

"你的父母**真的**对你有这样的期望吗？"

"他们当然没有。"我摇了摇头说，真不知道我是怎么得出这个结论的。

"还有你的朋友们，"安妮塔追问，"他们也希望你那样吗？"

"只要我这样做，他们肯定会很高兴，但这肯定不是他们的期望。"

想想看，我大可不必在阿德莱德的街道上裸体奔跑。

那周晚些时候，在回顾那次面诊做的笔记时，我突然意识到，我们都对自己寄予了太多期望。有些期望是必要的，可以帮我们融入某个集体，但很多期望与现实的关系并不大。我们是基于觉得别人对我们有所期望，才创造了这些期望。更糟的是，我们任凭所谓的别人对我们的期望对自己的生活产生破坏性的影响。

在我取得这些突破的那阵子，我在一集与别人联手主持的《不完美》(*The Imperfects*) 播客节目中采访了交通电台栏目《威尔和伍迪》的主持人威尔·麦克马洪 (Will McMahon)。他谈到了自己在私立学校背负的诸多期望，我很感兴趣。他说："这些期望是我和许多朋友被毁灭的根源。期望自己在学业上表现优异，然后上大学，然后在某个公司找到一份高薪的工作。"

23 岁时，威尔发现自己走上了一条完全不同的道路。在意识到这与他上学时代的期望并不契合时，他就陷入了抑郁。直到后来摆脱了这些期望，他才能够继续前进。

第一次坐下来和安妮塔对话时，我在面诊开始前说，我并没有实质意义的精神疾病。"所以我可能只需要一个月见你一次，或者间隔更长时间，"我说，"我只是想时不时地检查一下自己，聊聊这些事情。"

然而安妮塔只花了两个月就帮助我识别并摆脱了自己的羞愧，也帮我理解了我一直不想辜负的那些实际上根本不存在的期望，我其实是被自己头脑中制造的期望困住了。

我很快就放弃了原定计划，并安排在 2020 年余下的时间里每两周去见她一次。

我不知道这么做是否正常，但我会把每次面诊都用手机录下来，然后做大量的笔记。然后，几天后，我会重新听录音，然后做更多的笔记。就好像我在研究安妮塔对我的研究，我真的被我对自己的重新了解所震撼了。

在我真正理解了"期望"的一周后，我给自己写了3个问题：

- 我的家人对我的期望是什么？
- 我的同事对我有什么期望？
- 我的朋友对我的期望是什么？

在回答每个问题后，我会认真思考自己对每个问题的回答。这些答案属实吗？是否如实反映了我和这些人的真实情况？如果我觉得答案不正确或不属实，我就和自己达成协议，马上打消这个期望，这无疑是最能释放自我的事情。如今我去拜访家人时，无论自己的状态是好是坏，只要是真实的状态，我都觉得这是一件无比美妙的事情。

控制

第 **5** 章

屁股剧痛

2005 年的时候，我觉得自己开始逐渐走上正轨。24 岁的我，人生第一份工作当老师也有几个星期了。虽然工作压力很大，但第一次有了收入，我就和当时的女朋友安贾莉（Anjali）在墨尔本近郊的里士满租了一套像样的公寓，她也开始了教学生涯。

一天早上，阳光洒满了卧室，我躺在床上，在半睡半醒的舒适里，抓着最后一丝困意不肯醒来。我醒来后正准备开始规划新的一天，突然，在完全没有任何先兆的情况下，一阵剧痛向我袭来。这种痛苦的感觉太可怕了，简直就像屁股里塞进了一个板球门柱。

我发出尖叫，吵醒了身边的安贾莉，她又害怕又担心，就好像她也受到了无形的攻击。

看到我抽搐着身体痛苦地喊叫，她大声问："怎么了，休？跟我说话！你怎么了？"

"我……不知……道！"我一边用双手捂着屁股一边哀号，疼得泪流满面。

"你怎么了，休？"安贾莉又问了一遍，声音里满是恐慌。

剧痛让我觉得自己要昏过去了。我尖叫着、抽泣着，知道自己的人生从此有了大麻烦。"我不知道发生了什么事，"我呜咽着说，"但我从来没有这么……"这句话我还没说完，疼痛就彻底而又奇怪地消失了，跟它袭来的方式如出一辙。

"这到底是怎么回事？"安贾莉问道，看表情她被吓坏了。

"我只是……我不知道！"我喘着气说，"这就像有人抓了一个板球门柱，然后……"

谢天谢地这种感觉很快结束了。我对一大早的事感到非常羞耻和尴尬，我的脸都红了。我想，我就假装这件事从来都没发生过。

安贾莉平静地说，"你需要去检查一下。"

"不，我没事，"我回答，很想换个话题，一个不涉及我肛门的话题。"这只是一个莫名其妙的偶然事件。"我起身下床，就好像刚才那几分钟什么都没有发生过。"你要喝杯咖啡吗？"我问。

我这种突然出现的男子气十足的满不在乎，丝毫没让这个刚刚被我凄惨叫声吵醒美梦的女人让步。"对不起，"她说，"你这可不正常，你得去找医生检查一下。"

"不用，我是说真的！我很好。"我一边努力控制住局面，一边做好了上班的准备，"你要不要喝杯咖啡？"

男子汉才不会哭呢，对吧。

在接下来的几天里，我认真工作，在墨尔本的芬托纳女子学校教书，几乎忘记了那次可怕的黎明噩梦。

　　几周后，我正站在白板前背对着全班学生上数学课，写板书。你也知道，数学从来都不是我的强项，就算是教 10 岁孩子数学，给我带来的压力也不小。为了上好这节课，我前一天晚上做了认真的准备。但就在此时，在我飞快地写数学题的时候，那种剧痛又来了，而且这一次疼得更厉害。剧痛迫使我跪下来，就像被一个狙击手击倒了。真该死，板球门柱又回来了！但现在不行，真的不行！我开始向诸神祈求。

　　空气中回荡着一种奇怪的高音调噪声，过了一会儿我才意识到实际上是我在尖叫，而不是学生们。哦，这下完了。我转过身去看学生们，同时不由自主地手捂着屁股。我其实大可不必担心这些学生——他们非但没有被吓到，反而在大笑，有些都笑得躺在地板上了。

　　这一次，疼痛并没有神奇地消失，反而让人感觉无穷无尽，真把我这个男子汉疼哭了。离我跌倒的地方不远有一个储藏室，我设法滚了半圈，半个人进到了储藏室里面。然后我又紧紧捂住剧痛无比的屁股。

　　几分钟的煎熬和抽泣后，危机又戛然而止了，就仿佛什么都没发生过。

　　"老师你怎么了？你没事吧？你怎么哭了？"我装作没事似的从储藏室走出来时，同学们问了我一连串的问题，就好像我只是突然进去拿了一根新的白板笔。

　　她们都关注着我，我只好装傻说："我很好啊。"

"可是你摔倒了，还尖叫了！"一个女孩说。

这些孩子并不傻。我得想办法解释一下刚才是怎么回事，但我不可能告诉她们真相。

"我好得很。"我对她们说。**什么才是有男子气概的解释呢？**我很快找到了。"今天早上我跑步跑了很长时间，我想只是小腿肌肉的小抽筋而已。现在我一切正常。"我向她们竖起了两个大拇指，努力挤出微笑。

紧急的身体疼痛过去以后，我的脑海中慢慢浮现出了一场全新的灾难。哦，天哪！我得了前列腺癌！

第二天下午，我去了附近的一家医院，接待我的是一位非常漂亮的女医生。我真希望能碰上个年长的男医生，但是，因为我可能患有前列腺癌，我只得克服尴尬，向女医生如实汇报病情。

"这种剧痛始于几周前，"我开始了病情汇报，"老实说，就像有人拿了一个板球门柱，狠狠地把它弄到我的……"

我还没说完，医生脸上就掠过一丝微笑。"你不必解释了，"她打断我说，"我知道这是怎么回事。"

医生告诉我，我得了一种叫作"痉挛性肛痛"的病，常见于学业压力太大的大学生群体。

"很明显，这病也不放过年轻的小学教师！"她补充了一句，"这种病就是肛门里的每一块肌肉都同时痉挛，这是人体对压力的一种反应，也是你的身体试图对抗压力的一种方式。"

"你在开玩笑吧。"我说。

"我不是开玩笑。"她面无表情地说。

"那这种症状在什么时候最有可能发生呢?"

"没办法预测。"

"绝对不能在公共场合!"我几乎要大声喊出来。

"可它已经发生了。如果这种情况再次出现,你就只能假装是自己抽筋了。"

我已经跟女学生们用过这个借口了。

"但你没见过有人抽筋到了这个程度的吧,"我说,"这就像……反正屁股太疼了!"

"是的,是的,我知道,"她说,"就是肛门里的每一块肌肉都会同时痉挛。"

我向后靠着,用手指捋了捋头发,叹了口气:"哦,我的天哪。"

离开医院时,我只有一个想法:不能让任何人知道这件事。

年纪轻轻 24 岁的我,承受着一种我完全无法控制的疼痛。痉挛性肛痛不仅让我非常尴尬,我还害怕别人因此会觉得我身体不好。我最不希望别人觉得我状态不好,可能无法应付第一年的教学工作。这可 **不是**我一直在努力营造的形象。

我为自己设定的形象是:我是个为人随和、脾气好、从来不闲着的小伙子。我的发际线已经后退了,但我把头发留长往前梳,所以没人看得出来。对这种造型的唯一威胁是突然吹来的一阵风，所以我经常戴着帽子。

那时的我还从来没有冲过浪，但我也会在头发上使用过氧化物，来营造出一种经常在海滩上沐浴阳光的感觉。不知道为什么，我总是在努力给人留下一种随和悠闲、处变不惊的印象。医生诊断说我压力太大导致肛门肌肉痉挛，这可完全不符合我塑造的个人形象。

在离开医院之前，医生建议我去看看心理医生，这会有助于解决我其他方面潜在的问题。她说，"去找有资质帮你理解自己心理状态的人，与他们交流是十分值得的。"

我内心的声音嘲笑道，我才不会去看心理医生呢。但我还是礼貌地说我会考虑的。回到自己的车旁边时，我坚定地告诉自己，不要让任何人知道这件事，心理医生和家人都不行，谁都不行。

我趴在方向盘上，最坏的情况在我的脑海中闪现。要是在我开车的时候突然剧痛袭来怎么办？要是在超市里呢？或是在酒吧里？天哪，要是发生在学校集会期间呢？如果我跪在 500 个学生面前，抽泣着、抱着屁股，会怎么样？这病恐怕好不了了，我再也无法回到过去了。

手机来电的声音打断了我在头脑中播放的这些恐怖情景。我看了看手机，发现是我铁哥们泰迪（Teddy）打来的电话。我爱泰迪，但我也**不可能**把自己的遭遇告诉他。

有一次，我俩和一群老同学一起带着家属去了莫宁顿半岛的一个度假屋。由于到得最晚，我和泰迪共住一间有双层床的房间。我这个人总是渴望躲开身体或名誉上的伤害，所以我之前从来没有告诉过朋友们，我容易夜惊。即使是现在，房间里漆黑一片的时候我也是无法睡觉的，因为我总是会在半夜尖叫着醒来。

那天晚上，我们爬上铺位，泰迪关灯，我知道自己可能又会出现夜惊。

"哦，伙计，屋里太黑了，"我说，"太黑了我可能会睡不着。"

"你会没事的。"泰迪说。

"好吧，"我说，"但如果半夜醒来我稀里糊涂的话，你能不能提醒我一下，我们正在莫宁顿半岛度假，一切都很好。"

"好的，不用担心。"他咕哝着，立刻睡着了。

果然，几个小时后，我从睡梦中坐起来，像吸血鬼一样大声尖叫。我吓坏了，不知道自己在哪里，在黑暗中扑来扑去，撞向墙壁寻找门口。毫不奇怪，泰迪醒了。但他并没有对我说我们正在莫宁顿半岛度假，一切都很好，相反，他略施小计，大声喊道："啊，闭嘴，你这个疯子！"

感谢泰迪，帮我从夜惊中得以挣脱，我随后又睡着了，可是第二天早上醒来后我尴尬得不得了。大家都聚在一起吃早餐，泰迪马上向朋友及其家属讲述了半夜发生的事情。

此刻坐在医院外的车里，我决定接听泰迪的电话。我听到他在电话另一端熟悉的声音，决定告诉他自己突然经历了什么，我总得告诉别人才行。20分钟前我刚知道这是个什么病，但我已经承受太多了，无法让自己独自一人承受这一切了。我从描述板球门柱开始，让泰迪知道了这个可怕的秘密。

"天啊，"他说，"这听起来太可怕了。你说这病叫什么来着？"

"痉挛性肛痛，"我回答，"但我告诉你只是为了找个人倾诉而已，别告诉任何人。我不想让其他人知道这事。"

"好吧，伙计。"他"咯咯"地笑着说。

我们约了下次一起喝啤酒，然后就在电话里说再见了。

当时没有社交软件也没有智能手机，所以人们共享信息的方式比今天慢很多。那天晚上我回到家，一打开笔记本电脑查看电子邮箱，就发现收件箱里的邮件主题几乎全是"休的屁股"。

泰迪给我们高中大概10个好朋友发了一封群发邮件：

"伙计们，我刚和休聊过，他被诊断患有一种叫作'痉挛性肛痛'的疾病。反正他压力很大，大到屁股都受不了了！"

这封邮件看得我手抖，我亲手断送了自己的社交生活。哦，不！他们都会告诉各自的女朋友，接下来每个人都会知道的！

就这样开始了。无聊的玩笑通过电子邮件一个个涌入，其中我最喜欢的一个玩笑是"谢谢你的新闻"。

我感觉自己仿佛暴露在众目睽睽之下，羞愧难当、无地自容。

　　我感到无比脆弱。

　　我失去了对局面的控制。

　　然后，一件有趣的事情发生了。在接下来的几个小时里，那 10 个朋友基本都给我打电话了，问我是否安好。那封暴露我脆弱的可怕邮件，其实释放了爱的洪流，朋友们纷纷对我的健康表示真诚的关心。不可否认，其中一些人语气非常夸张，"伙计，你的屁股还好吗？告诉我发生了什么！"但所有人在结束通话时都会说，他们希望我没事，他们就在我身边。

　　这是一个惊人的转变。那天下午，我既害怕又孤独，既尴尬又羞愧，但是那天晚上我上床睡觉时，心里却充满了爱，备受鼓舞，满是欣慰和感激，原来这么多人都关心我啊。

　　现在回想起来，在莫宁顿半岛的早餐餐桌上，我也感受到了同样的同理心。当然，泰迪绘声绘色重现我那疯狂的午夜吸血鬼的样子时，我的脸很红。尽管当时有一些笑声，有人扬起了眉毛，但几乎每个人都特意跟我聊了聊夜惊症，一些人跟我说，他们也认识些有类似经历的人，反正朋友们都想让我知道，这个事情相当常见，没什么大不了的。

　　在试图控制局面时，我们经常会保持警惕。我们抵制其他人的干预，哪怕这种干预其实真能帮我们感觉越来越好。不管他是否故意为之，泰迪主动承担了责任，强迫我去面对我本人试图掌控的糟糕情绪。是他逼着我暴露出自己的脆弱。如果没有他的干预，我很可能会对自己的痉挛性肛痛守口如瓶，而这很可能会让事情变得更糟。

原本我的本能反应是，隐藏自认为的缺陷或弱点，这样就可以维护自己的形象，可是我一旦把弱点与人分享之后，对此事的焦虑居然消失了。我没有因为痉挛性肛痛而失去朋友，他们也没有因为我有夜惊症而看轻我。失去朋友和被人看轻是我最大的恐惧，因为人人都有一种强烈的归属意愿，希望自己成为一个群体的一员，感受到彼此之间的爱和联系。诚如布琳·布朗书中所写，"暴露自己的脆弱听上去像真理，感觉像孤勇。真理和孤勇有时让人不舒服，但它们绝不是弱点。"

暴露自己的脆弱并不是说你必须站在所有人面前，把自己最见不得人的秘密告诉他们，也不是说你的朋友得把你的窘迫通过群发邮件公之于众。要想暴露自己的脆弱，你可以先从小事做起。或许你可以把自己正在苦苦挣扎的事情记录下来，然后慢慢努力与你亲近和信任的人分享这件事情。不要盲目地一头扎进去，而是小心试探，勇敢地说出真相，这势必会有助于你与他人建立真正的联系。

这世上我最欣赏两个人——喜剧演员莱恩·谢尔顿（Ryan Shelton）和我弟弟乔什，我携手他两一起推出了一个名为《不完美》的播客，原因就是这个。节目的思路很简单：邀请看起来成功且快乐的人参加节目，要求他们在节目上公开自己面临的挑战和不安全感。在制作节目的过程中，我会一遍又一遍地听嘉宾吐露自己人生中遇到的各种挑战。慢慢地我开始明白，大家在哪方面出了问题。

· 暴露脆弱、控制和放手

脆弱其实向我们展示了一个普遍的真理：有些事情就是我们无法控制的。当一个人试图去控制自己无能为力的事情时，就不可避免地会感到沮丧、愤怒、压力和焦虑，在我这里则表现为屁股剧痛。上面几个故事不仅说明了如何暴露脆弱，而且也提醒我们，明知不可为而为之只能是吃力不讨好。24 岁的我就是太在意别人对自己的看法了。往往一段时间之后你才发现，你左右不了别人对你的看法。

最终，通过做下面的练习，我意识到：历史自有其进程，我再握拳试图抗衡也是螳臂当车。我认识到自己需要摆脱焦虑接受现实，换句话说，我必须向控制一切的心态投降，而且一旦做到，我马上感觉好多了。"投降"这个词的字面意思就是"停止战斗"，一旦决定了不再对无法改变的事情不依不饶，我的内心瞬间平静了。

练习

· 写下所有令你感到持续有压力、担忧和焦虑的事情。

·在你无法控制的事情上画一道横线。

·圈出你可以控制的事情。

·集中精力解决画圈的事情。

·画线的问题仍然留在那里，它们是不会消失的，因为你无法改变，所以你只能对它们放手。

如果剩下的某件事情一时间实在很难放手，可以尝试美国作家兼演讲家拜伦·凯蒂（Byron Katie）所说的"努力去做"。以我自己为例，我担心的是新冠病毒已彻底改变了世界，我子女的生活将遭受永久的影响，所以我"努力去做"了，问了自己以下问题：

1. 果真如此吗？

2. 你绝对确信这是真的吗？

3. 有这个想法的你，会是什么样子？

4. 如果没有这个想法，你会是怎样的呢？

我的回答是：

1. 也许吧。

2. 倒也不是。

3. 我感到焦虑、悲伤、绝望。

4. 我会感觉很舒服、平静、快乐、充满希望。

我非常清楚，生活有时带给我们的境遇有时太痛苦了，很难说放手就放手，有时再怎么暴露自己的脆弱或放弃去控制都无法改变。人生无常，许多人可能永远无法感到"平静、快乐、充满希望"。但我已经明白，即使在人类巨大痛苦的最深处，放手不再去控制也是有助于减轻痛苦的。所以为什么不试一试呢？

第 **6** 章

致 MB

詹姆斯·麦克雷迪－布莱恩（James Macready-Bryan）自成一派。

所有人都叫他 MB，他是我弟弟乔什关系最好的发小之一，偶尔也来我家玩儿，他脸皮有点厚，但是很讨人喜爱。从学校毕业后，他来到我所在的橄榄球俱乐部打球，尽管他是球队中块头最小的家伙，但他是个非常灵活的边锋。MB 虽然身材在运动员里不算出众，但是他有勇气、有个性、富有决断力。他可爱又顽皮，由于巨大的个人魅力，他总能让自己躲开各种麻烦事。

乔什和朋友们都非常喜欢 MB。在第 4 章中我提到过觉得自己失去了点亮房间的能力，而 MB 的活法简直就是点亮房间的教科书。我不能说自己是他的好朋友，但乔什确实是，我也明白这是为什么。在撰写这一章时，我让乔什描述一下那件事情发生之前的 MB。

> 十几岁的 MB 是个厚脸皮的家伙……脸皮实在是太厚了。他很幽默，淘气程度恰到好处，和他在一起的时光别提多开心了。那时的 MB 总是时不时说个笑

话，或发表一句不恰当的评论，然后他会睁大眼睛张大嘴巴，沉默一秒表示震惊，仿佛在说，"我刚才说什么了"，接下来他会哈哈大笑，还经常用一只手拍拍你或用一只胳膊搂着你。我们两个虽然见面不多但关系特别好，因为那时的我们，正试着以最幽默的方式了解这个世界。我十分想念那样的 MB。

我们橄榄球俱乐部 2006 年的亮相仪式安排在一个周六的晚上，那天正好是 MB 的 20 岁生日。那个亮相仪式我请假了，因为我第二天要打板球比赛，但 MB 去参加了一会儿，然后乘火车回到城里去见另一群朋友，朋友们要一起给他过生日，共祝他前途无量、长命百岁。

当时，乔什和小伙伴们的年龄，正是脱去孩子气开始懂事的时候，MB 也不例外。他喜欢参加聚会，也非常聪明、踌躇满志，他在莫纳什大学主修艺术和法律专业，将来的整个世界都会属于他们。

火车到达弗林德斯街车站后，MB 遇到了另一个朋友阿德里安（Adrian），他是我一个好朋友的弟弟，他们一起来到了中央商务区。他们走在朗斯代尔街上，与一个对面走来的女孩交谈了几句。几分钟后，他们被两个年轻人拦住了。

"你俩刚才跟我女朋友说了些什么？"后来据称其中一人是这么说的。

MB 道歉了，然后和阿德里安继续往前走，但不久之后他们发现自己被那两个家伙跟踪了。他们还没反应过来就被揍了一顿，旁边是一堵蓝色的墙，坏蛋按着 MB 的头反复撞墙。一个路人让他们赶紧跑，但不幸的是他们转错了弯，最后跑进了一条死胡同。他们后来描述说，MB 无路可逃，再次道歉并举手投降了。与此同时他的脸被坏蛋揍了一拳，随后他倒在人行道上，失去了知觉。

第二天早上，我在弗兰克斯顿的庆典椭圆形球场，板球比赛马上就要开始了，乔什打电话过来说他不能上场了。

"为什么？"我问，"怎么了？"

他说，"早上 6 点我被一个电话吵醒了，MB 被打了，他住院了。"

"天啊，这可不是什么好事，"我吃惊地说，"你最好去看看他。"

"我会去的，但我不确定他是否清醒了，他们说他的情况不妙。"

"不妙"这个词对我们这帮人而言，通常的意思就是鼻子骨折或者几颗牙齿脱落。于是我那天打了一天板球，并不太担心 MB。我没有收到乔什的消息，只要一想到 MB，脑海中的画面就是他坐在医院的床上，下巴骨折或眼睛青紫肿胀。这当然不是什么好事，但我觉得他会没事的。那时的我完全没有意识到，头部挨一拳会产生那么可怕的后果。

在皇家墨尔本医院，MB 的情况非常糟糕。乔什到时，他第一眼就看到一块医疗纱布罩在 MB 的额头上，上面用红色大字写着"尚未骨移植"。刚刚为了缓解 MB 由大脑严重肿胀引起高脑压，外科医生只好切除了 MB 的一大块头骨。

头部遭到撞击的冲击在同心圆中回响，就像一颗鹅卵石落在静止的池塘里。悲伤席卷并淹没了所有关心 MB 的人——他的家人以及一群关系特别亲密的朋友。

那天晚上，乔什终于回到家，告诉了我整件事情。我非常震惊，得走出家门才能做到慢慢消化这个坏消息。我以前也见过别人在酒吧或夜总会打架，男人们总会因为愚蠢或醉酒互相击打头部，但我从来不知道，头部受伤会改变某人的一生。

MB 倒地的那一瞬间，他的生活戛然而止。你几乎认不出来躺在病床上的是他，他几乎无法动弹，也无法交流。他双手和双脚因肌肉痉挛而蜷曲，曾经的能言善辩如今被令人心碎和难以辨认的咕哝声所取代。

那两名肇事者被抓获并最终锒铛入狱，但 MB 伤心欲绝的伙伴们能强烈地感受到，自己应该为这场悲剧多做点什么。这还不是故事的结局，也当然不是 MB 的结局。如今他对周围的环境是有意识的，但他与人所能做的交流非常有限，而且只能通过一根管子进食，需要在一个高护理级别的机构中接受 24 小时的护理。他的妈妈罗宾（Robyn）以前是学校的老师，现在几乎寸步不离他的病床。罗宾曾是个很酷很棒的老师，每个学生都想在她的班上上课。但是从儿子遇袭的那天晚上开始，平静、快乐和充满希望这些字眼，再也与她无缘。

为了防止更多家庭遭受同样的痛苦，MB 的朋友们发起了一项名为"退一步思考"的公益教育活动，旨在宣传打架斗殴可能导致的严重后果，呼吁停止社会上的暴力行为。我后来担任了一段时间该项目的首席执行官，我的主要任务是走访维多利亚州各地的学校，与学生们讨论社会上不必要的暴力的危害，特别是在那些售卖酒精和年轻人聚集的场所。

我会给他们讲 MB 的故事，给他们看乔什制作的视频，这个视频重点讲述了 MB 的悲剧给所有人带来的巨大影响。视频每每都会令我不忍继续看下去，于是我扭头去看学生们的反应。他们因视频而唏嘘，我则常常凝视着这些青少年震惊的面孔，心里充满了悲伤和希望。

起初，我把孩子们这种发自内心的反应归结为，他们对 MB 及其朋友是有同理心的，也许他们身边也有类似的情况。然而，我越来越意识到这些年轻人都觉醒了，他们体会到了人生的无常：我们无法控制的可怕经历，经常发生在好人身上。我们经常会在 12 年级毕业生去上大学之前给他们播放这个视频，因为高中毕业的狂欢是臭名昭著的酗酒犯事高发期。

在我撰写这本书期间，最美好但也最令人心碎的时刻，莫过于我和罗宾的一次对话。我原本并不打算写 MB 的事情，只是想和他妈妈谈谈，如何接受生活中我们无法控制的事情，尤其是在经历了这样一个悲剧事件之后，我们是否还能做到这一点。跟罗宾聊天的时候，我意识到，这是 10 年来我第一次在没有 MB 在场的情况下与他妈妈谈话。之前我们所有的谈话都发生在 MB 的病床旁边，与我对话的是一个不离不弃、富有同情心和爱心的充满韧性的母亲。而此刻通过电话交谈时，我曾经认识的那个罗宾老师又回来了，她聪明、富有洞察力，机智、冷静。聊天快结束时，我提到了"控制"这个词。

罗宾告诉我："我必须为自己做的、最重要但也是最艰难的事情之一，就是接受现实。这花了我很长时间，虽然我现在还是很伤心，但我无法控制过去发生的事情，所以我选择放手。我学到的另一件事是，人们永远无法真正体会别人在经历什么，因此我们都需要尊重和善待彼此。这个问题有点困扰我，为什么那么多人做不到与人为善。这是另一件我必须学会接受的事。"

罗宾忍受了难以想象的痛苦和困难，却又是如此诚实而克制，令我深受感动。

"罗宾，你会同意我在书里与读者分享你的故事吗？"我紧张地问。

她停顿了很长时间，然后我听到她哭了。

"这样做对我意义非常重大，休，"她说，"请告诉读者，我儿子经历了巨大的痛苦，但他仍然会展示他标志性的微笑和幽默感。他一直在为获得更好的生活而奋斗，一直努力做得更好。我也希望人们知道我儿子在出事前的样子。"

　　我很荣幸能在这里与大家分享 MB 的故事。跟他妈妈聊天后的第二天，我终于决定接受，新冠病毒大流行不是我可以控制的事情。这并非巧合，是罗宾给了我力量，让我终于"投降"并放手。所以，罗宾，谢谢你给我的帮助，谢谢你慷慨地允许我与读者分享你的故事，我真的希望你的经历能帮助到更多的人。

完美

第 **7** 章

一个（不那么）完美的日子

我接完电话，把手机放在厨房的桌子上，盯着妻子佩妮的表情让她以为我看到鬼了。我倒吸了一口冷气说，"他们两分钟后就要到了！"

"谁两分钟后就要到了？"妻子问，脸上也突然写满了不安。

"米西·希金斯（Missy Higgins）！"我脱口而出，感受到一阵阵恐慌，"她和丈夫丹（Dan）带着孩子马上就要到了！"

朋友中我是第一个承认自己会追星的人。从孩提时代起，我卧室墙上就贴着安德鲁·盖兹（Andrew Gaze）、史蒂夫·沃（Steve Waugh）和杰森·邓斯托尔（Jason Dunstall）的海报，我一直把他们当作偶像来崇拜，即使在我后来有幸通过韧性项目的工作认识了其中几人之后，还是对他们很崇拜。我的偶像大多是体育明星，然而米西在我心中的地位却大不相同。

在我看来，米西是澳大利亚有史以来最可爱的乐坛偶像，被我个人认可的还包括吉米·巴恩斯（Jimmy Barnes）和约翰·法纳姆（John Farnham）。米西的获奖专辑《白色之声》（*The Sound of White*）在我 20 多岁时几乎天天听。在相当长的一段时间里，我怀疑自己跟许多澳大利亚人一样，把"特别的你和我"的歌词套用到自己的每一次恋爱经历当中。我不止一次对恋人低声软语说,"这首歌就是写给我们的。"没错,当我发现这首歌要表达的感情根本不是关于恋人之间的感情的时候,就觉得自己特别傻,相信其他人也一样。是的,我一直是米西的超级粉丝,可是现在,她马上就要登门造访我家了。

这里有必要补充一些背景信息:米西和丈夫丹几年前来参加了我在墨尔本的一次谈话节目。在我第一本书即将于 2019 年出版时,那时我还不太认识她,我联系上她问她能否提供一些纪念品,没想到她居然答应了。

一年后我的《不完美》播客节目向她发出邀请,希望她能与大家聊聊她人生中经历的挣扎,没想到她居然又答应了。那次私人深度采访之后,我们从合作发展为私交。后来了解到原来米西和丹的孩子和我家的孩子年龄差不多,于是不久之后我们两家人就开始经常在一起聚会。

如果你家也有蹒跚学步的幼童,父母天天与之斗智斗勇,要是能有机会与另一对同样被"熊孩子"困扰的夫妇成为同一个战壕中的战友,这会极有利于你们保持情绪稳定。两对父母可以彼此讲述"战斗故事"、分享心得,建立起同舟共济的纽带关系。

米西和丹这对夫妇十分接地气,你完全不会觉得自己面对的是乐坛大腕。尽管如此,他们第一次来我家的那天,我还是给自己施加了莫名其妙的压力,希望一切都很完美。我事先起草了一长串清单想确保万无一失,自然,一开始得放点合适的音乐。

我就像个好莱坞导演一样，为这次伟大的家庭聚会的完美配乐而苦恼。我为此失眠，甚至担心隔壁十几岁的女孩子们，因为她们喜欢大声播放米西的专辑。

在那个大日子的前一天晚上，我问佩妮，"如果米西在这里的时候隔壁的女孩子们放她的歌怎么办？你觉得我有必要去让隔壁的女孩子们明天不要放她的歌吗？"

我的惴惴不安也影响了佩妮。"哦，天哪，他们来的时候你到底想放什么音乐？"她大声地问道。

"我真的不知道。你觉得我们应该在她进来的时候播放她的哪首歌？"

"哦，天哪，不，"她说，"那感觉太奇怪了。"

最后，佩妮提出了一个安全的解决方案。她从正版流媒体音乐服务平台声破天找到了一个播放列表，希望这些歌能让我们作为主人显得比较酷，给两家人的聚会营造一种令人愉快的背景音乐。这个任务列表中最棘手的一项，终于被我解决掉了。

当时是冬天，我想到了一个很棒的主意，为两家人聚会专门购置一个户外火灶。我脑海中想象着大人围着火灶喝啤酒，孩子们在一起玩得很开心，扬声器里轻声播放着舒缓的曲调。这个下午肯定会无比完美。

因为我们的后院是人造草坪，我觉得需要在火灶下面垫点东西，以免破坏"草坪"，然后我在心里记下了要从车库里拿一些装修剩下的地砖过来。当时我把火灶随便放在人造草坪上，就进屋去安排点心和饮料了。

就在那时，我的手机震动收到了一条信息：

"嘿，休。我们一路上都很顺，马上就到你家了。米西。"

什么！这年头谁会早到半小时？

我简直不敢相信。我狂躁地在家里跑来跑去，想确保一切都已安排妥当。他们走进我家的时候，我真的希望火灶里的火能让他们感觉到我家的温暖和我们的好客，所以我迅速扔进去一些引火柴和木材，点燃火灶后回到了屋里。

"好吧，我想我们已经一切准备就绪了，"在等着客人敲门时我对佩妮说。与此同时，我们都发觉声破天的播放列表正跳出了一首米西的歌，歌声回荡在家里。

"哦，我的上帝啊！关掉这首歌，关掉它！快点！"佩妮冲过去拿手机，关掉了那首歌，因为那歌听起来像是在给米西举办一场尴尬的郊区加冕典礼。就在我俩都专注于选歌时，客人进来了，房子里却很安静，没有音乐，他们手里又是孩子又是包，包里塞满了围嘴、湿巾和奶瓶——这种为人父母的装备极其"不摇滚"。

"哦，嘿！进来吧，伙计们，"我说，装作刚想起他们要过来的样子，"你们还好吗？到后院来吧，咱们在火灶边玩儿，怎么样。"

米西和丹算是比较能够放手的父母，但即便如此他们还是有点担心他们5岁和2岁的孩子会随时接近露天火灶。"没问题，"丹说，我们一起在后院溜达，"我们大人可以站在火灶周围。不过这样对孩子们安全吗？"

哎，我内心叹息了一声，都怪我没考虑周全。他家 2 岁的女儿卢娜（Luna）和我女儿埃尔西（Elsie）一样，正好奇地东摸摸西看看。于是，我们大人根本没法在火灶旁喝啤酒，而是处于一种高度警惕的状态，像英超守门员一样伸出双臂左右摇摆，以防孩子们被烫着。哦，天哪，缓过神来之后，我觉得自己脑子一定是进水了才买了这个火灶！

我们最终总算设法把这些小家伙引向了蹦床，远离了危险。局面稳定了一阵子，我 3 岁的儿子本吉和他家 5 岁的男孩萨米（Sammy）相处得很好，玩得挺开心。

过了一会儿，男孩子们进屋不见了，他们的尖叫声安静了下来。后来我得知本吉去上厕所了，他刚学会自己上厕所，而萨米小哥哥非常大方地跟着他进厕所去指导他。我去厕所想看看他俩怎么样，于是听到了他俩关着门的对话。

"快拉出来了吗？"萨米问道。

"还没，"本吉回答，"不过快了，等我一下。"

"好吧，"萨米说，"很好，继续努力。"

听起来他俩好像是故意小声说的，所以我没管他们回到了外面，又和佩妮、米西和丹在炉子旁边聊了起来。我们笑着谈论楼上正在进行的上厕所训练课程，正当我们觉得这个下午开始美妙起来的时候，丹突然说："我闻到塑料烧焦的气味，你们闻到了吗？"

"是的，肯定是什么地方塑料烧焦了，"米西也深吸一口气后表示同意，"我能闻到。"

我也闻到了，而且我知道是合成草坪被烫化了，因为上面放了一个巨大的钢炉子，里面装满了燃烧的木头。

"没事，没什么大不了的，"我一边漫不经心地喝着啤酒，祈祷怪味会消失，一边说，"真没事！"

然而，大事不好了，该死的草坪着火了。最后，我们只得用水灭火，然后撤退到屋里，因为院子里笼罩着蒸汽和烟雾等有毒气体。

还是屋里比较安全，我们回到屋里却发现两个男孩还在厕所里，萨米还在导演上厕所这场戏。本吉快拉完了，所以他俩正在进行"戏后"讨论，总结一下刚才的得失。这次我还是从门外听到的他俩的对话，虽然我很喜欢哥哥这样指导弟弟上厕所，但我还是建议萨米把厕所门打开，这样我就可以进去帮本吉擦屁股提裤子了。

糟糕的是，萨米不知道该如何打开厕所的门锁，而本吉只能坐在马桶上干着急，他俩一下子意识到自己被困住了。他俩有点慌了，居然还喊了几声救命，我只好在门外指导这对小师徒怎么打开门锁。

小哥俩从厕所出来重获自由后，就跑到车库去玩儿了，而我又可以自由地扮演男主人的角色了。不过，过了一会儿，我觉得最好还是去看看他们。

"伙计们，你俩真觉得车库是最好玩的地方吗？"我边走进车库边问。

"这不是车库，"本吉咯咯笑着说，"这里是笨蛋房子。"

"是啊，这是笨蛋房子，"萨米也说，"你是笨蛋才能待在这里。"

"是啊，你跳个笨蛋舞吧，爸爸！"本吉请求道。

我总不能在本吉新朋友面前让他失望吧。"好吧，"我不情愿地答应了，"我开始跳了哈。"我开始在车库里手舞足蹈蹦过来跳过去，本吉看着萨米，好像在说，我爸会跳笨蛋舞。萨米也点头好像在表示赞同，是的，太傻了。男孩们（包括我自己）都很喜欢这个舞，我们笑着、尖叫着，很快门外传来一阵微弱的敲门声。

"哦，是不是还有别人想进到这个笨蛋房子里呢？"我说着，兴致勃勃得像个宫廷小丑一样推开了门。就这样门"砰"的一声撞到了小卢娜的脸，可怜的小姑娘被撞倒在地，躺在地上尖叫着哭起来。

我张大嘴巴站在那里，手还紧紧抓在门把手上，米西从休息室冲过来，把卢娜抱起来安慰她。这个下午怎么每发生一件事似乎都会带来更多的混乱。

不过米西和丹面对这一下午接二连三的混乱倒是非常冷静。我一度以为他们准备提前告辞了，但其实他们在我家待了好几个小时，两口子自始至终都是那么温暖迷人、善解人意。这显然不是他们第一次处理这样的突发状况了。

他们离开的时候，天已经黑了，丹得先在马路上把萨米追回来，因为这个小家伙不想回家。他们上了车，尾灯也在拐角处消失了，我转身对着佩妮不好意思地笑了笑说，"下次他们应该不会再想和我们一起玩儿了。"

"你的表现让人很震惊。"她笑着说。

"我知道。"我表示赞同，一边用拇指和食指揉搓着紧锁的眉心。

那天晚上我收到了米西发来的一条很长的信息，说他们在我家玩得是最开心的一次。我知道萨米一定玩得很开心（可能是因为我没有用门撞到他的脸），但米西和丹对这一天的感觉，与我预期的截然相反。

我过了一段时间才对整件事情释怀。要知道，我之前投入了太多情感资本，想让两家人聚会完美无瑕，所以明明一些很棒的事情发生在我面前，我却无法去欣赏。其实恰恰是那些不完美让那一天特别令人难忘。那些失误、不足和令人尴尬的事件让我们两家人走得更近了。假设那天特别"完美"的话，我根本不会把它写在这本书里，可能连那天发生了什么都不太记得了。

那一天的美好恰恰在于，我差点用火烧了自家后院，把人家儿子锁在厕所里，还把人家宝贝女儿撞倒在地。正是这些事件把我们两家人联系起来，让我们有了更多交集。佩妮对背景音乐的抓狂和丹去追赶小萨米的情景也都是如此可爱。这些瞬间都不完美，但是一切都很美妙，都加深了我们之间的了解和感情。

这个道理，对于米西和丹来说可能是显而易见的，甚至对于读者来说也是如此，但对我而言，这是一个全新的发现，也是一个及时的提醒。在此之前的大部分时间里，我其实都在追求不同类型的完美，这反而让自己经常失败，在专注于实现过于理想化的目标时，我错过了太多真正美好的事情。

多年来，我一直会对自己每次上台所做的公开演讲进行严肃的事后剖析。如果我觉得有不完美之处，就会情绪低落、自怨自艾。这个习惯可能是来自我多年的运动员生涯，每场比赛后都要把自己做错的地方仔细分析一番，这样有助于今后提高和改进。

面对媒体采访也是如此。我有一次回听了我在奥舍·冈斯伯格（Osher Gunsberg）的播客《比昨天好》（*Better Than Yesterday*）上当嘉宾时自己的表现。当时我认为自己讲得很不错，但在复盘回听时，发现自己有好几处表现得不够"完美"，因此沮丧了好几天。就算出门跑步的时候，如果我的综合跑步数据比前一次略有下降，我也会对自己感到恼火。我对自家前院草坪也会吹毛求疵，如果不能做到始终精心打理保持其完美翠绿的状态，我就会感到非常失望。

更糟糕的是，完美主义也让我总是在自己四周竖起一道道保护墙。如果我觉得自己的状态不是最好，就会连电话也不接，就算是至亲家人的电话也不接，因为我担心自己没办法呈现出"完美的聊天"。我对完美的衡量也并非纯粹基于自己的主观标准，我也很容易被别人所左右，哪怕是完全不认识的人。

2018 年，我在墨尔本会议中心发表了一场自认为十分完美的演讲。第二天，还沉浸在满意喜悦中的我看到一封邮件，那个人实际上没来听我的演讲，而是让几个同事来的。邮件中他对我的演讲表现逐条进行了深刻的点评或者说是批评。我瞬间"炸了"，时而双手捧头，时而暴跳如雷。收到这种邮件，还有比这更糟的时机吗？或者说，后来发生的事情表明，还有比这更好的时机吗？

当时我正坐在霍桑一家安静的咖啡馆里，准备开始与专业培训师和领导力教练本·克罗（Ben Crowe）的第一次见面。我之前在媒体上读到过一些关于本的报道，了解到他曾给皮特·桑普拉斯（Pete Sampras）、安德烈·阿加西和泰格·伍兹（Tiger Woods）等运动员做过心理辅导。安排我和本此次面谈的，是里士满橄榄球俱乐部的达斯汀·马丁（Dustin Martin）。

能跟这样的专家会面，我既兴奋又有点惴惴不安，因为我经常对同行失望。他们往往自高自大，只是想在教育和心理健康领域的竞争市场上分一杯羹。我收起了手机，期待着本的到来，强迫自己忘记那封在我收件箱前排对我虎视眈眈的邮件。

本热情真诚，完全不是我所担心的那种人，他对我的事情发自内心地表示关切。我们一开始闲聊了一番，然后才慢慢把注意力从自己转移到对方身上。

"你昨晚的演讲怎么样？"本问道，开始展开这个我不太敢直面的话题。

"如果你 30 分钟前问我，我会说，昨晚的演讲十分完美。"
我说。

本惊讶地说："30 分钟前到底发生了什么事让你改变了看法？"

我把那封邮件的内容告诉了他，却没有意识到，我其实已
经开始走进了由他所掌控的领域。本从桌子对面倾身过来，抓住
我的套头衫把我拉近，说道："休，你这个人是值得被爱的。"

"你说什么？"我有点慌乱。

"你值得得到爱，得到归属感，你就是值得得到这些，"他
重复道，"是的，你不完美；是的，你充满了挣扎，但你是值得
得到爱的。"

收到这种彻底的肯定，我一时间竟不知道该如何回应，只
能让这些词语慢慢起作用。其中一个词首先得到我的共鸣，那就
是"不完美"。

"是的，我不完美。"我终于开口小声说道。

"我们都是这样的！"本打断了我，"生活是不完美的，但生
活的美好也恰恰在于此。不完美把我们联系在一起，不完美让我
们密不可分。"

接下来，本帮我分析，我总是把自己的价值与自己所做的
演讲联系起来。演讲得好我就觉得人们喜欢我，如果他们不喜欢
我的演讲或我说话的方式，我就认定他们不喜欢我。他说，完美
主义控制了我的生活，其实这一点我自己早就知道了。

·完美主义

完美主义是一种人格特质，它指的是做出过于批判性的自我评价，对自己、他人或两者都提出过高的标准。简单地说，完美主义是一种循环心理斗争，你永远无法获胜。

完美主义对人类来说，并不是什么新鲜概念。巴斯大学的托马斯·柯伦（Thomas Curran）和约克圣约翰大学的安德鲁·P.希尔（Andrew P. Hill）在2019年做了一项研究，研究了过去几代大学生中日益增长的完美主义百分比。他们指出，其诱因是20世纪80年代以来美国、英国和加拿大（澳大利亚也不例外）新自由主义政府所奉行的"竞争个人主义"。两位教授认为，作为对这一社会风气的回应，人们急于"完善自己的生活方式"。

这一里程碑式的研究发现，2016年大学生中有完美主义倾向的比率比20世纪90年代的大学生高出33%。

在西弗吉尼亚大学研究儿童发展和完美主义的凯蒂·拉斯穆森（Katie Rasmussen）说，"如今，多达五分之二的孩子和青少年都是完美主义者，这无异于一场新的流行病和公共卫生问题。"

完美主义者如同在跑步机上跑步一样，追逐无法实现却又令人挫败的标准，完美主义还可能使人衰弱甚至致命。已有研究认为，完美主义会诱发抑郁症、焦虑症、强迫症、慢性疲劳、失眠、饮食失调和自杀等临床问题。

完美主义有以下三种常见的类型：

- 自我导向——要求自己完美。
- 他人导向——期望周围人完美。
- 社会诱因——追求完美的压力来自外部世界。

还有什么比脸书、照片墙和抖音等平台更能概括社会诱因完美主义的残酷呢？社交媒体（以及传统媒体）每时每刻都上演着精心策划的"完美"。我们把社会的完美理想放在自己口袋里，平均每天看手机 85 次！看看我们的下一代，这些信号史无前例地充斥着他们的生活——难怪凯蒂说我们分分钟会得上这种新的流行病。

如果你和我一样，是越来越多有完美主义倾向的人之中的一员，那么你肯定痛恨完美主义，所以现在绝对是时候放手了。澳大利亚天主教大学的马德琳·法拉利博士（Madeleine Ferrari）主持的一项研究发现，练习自我同情有助于保护有完美主义倾向的人免受抑郁症之苦。

自我同情是指愿意善待自己，对自己宽容，降低不合理的标准，换句话说，我们需要重置我们内心的对话。在这方面，心理学家、咨询师或治疗师都可以为你提供帮助，但你也可以从与朋友或家人讨论完美主义开始，这比较容易。

可以做一个非常有用的练习，简单地写下生活中你努力追求完美的所有领域。我的清单是这样的：前院草坪、跑步、腹肌、厨房和客厅的清洁以及电话通话的沟通质量。

写好清单后，回答以下问题：如果这些方面不完美会发生什么？对我来说，答案是"绝对什么事都不会发生"，确实什么也不会发生。通过这个练习，我逐渐意识到，自己想要"创造完美"的愿望完全是非理性的。

我很幸运能够偶然得以和本·克罗当面交谈。那天当我们的谈话涉及其他的话题时，我发现自己在心里一次又一次地回到"不完美"这个词上——这是我内心对话中一个强有力的新术语。

"我需要对完美放手！"当时本在说别的，我却突然脱口而出这句话。

"哦，我们都需要这么做，伙计，"他微笑着说，"你并不是孤军奋战。"

在接下来的几个月里，我集中精力去练习自我同情。"我不完美！"简直成了我整天对自己说的口头禅。首先，如果做得不完美，我可以原谅自己，但随着时间的推移我发现，一直以来我对自己太苛刻了，苛刻得太久了。

自我同情改变了我完美主义的内心对话，这 3 年来我感到更快乐、更放松了。在工作、家庭、社交和在我自己的认知中，我现在对自己的期望是凡事尽力而为。我不再把批评放在心上，也不再觉得在这个互联网统治的世界里我必须追求完美。见鬼，现在草地上烧了个洞我都不介意了。

第 **8** 章

老师也需要学习

　　我经常好奇，澳大利亚的壁球场现在都变成什么样子了。这项运动在 20 世纪颇受欢迎，我年轻的时候，郊区基本都有壁球中心，配备超级棒的食堂和街机游戏设施，玩的都是"太空入侵者"这款游戏。但到了世纪之交，人们似乎对这项运动不再感兴趣了。然而 2010 年，我发现墨尔本至少有一个被遗忘的壁球场得到了重生，变成了一个相当怪异的教学空间。

　　当时是我在 SEDA 学院工作的第二年，教的是脱离传统教育的青少年学生。我接到通知，新教室在墨尔本大学的体育中心。能在众人向往的校园里教学，我很兴奋，但后来我却发现，其实这里是一个壁球场改建的地方。更别扭的是，球场的侧墙上全是镜子。

　　你得沿着一条黑暗的隧道，经过另外 5 个废弃的壁球场，才能进入这个"教室"。"教室"里面桌椅排列整齐，我教的是 28 名 17 岁到 19 岁的学生，上课时我们都尽量不盯着镜子，以免迷失在成千上万递减的镜像中。这个地方哪里像教室，简直更像个疯人院或实验室。当时 SEDA 学院才刚刚建立，现在他们的硬件设施好多了。

幸运的是，这帮学生都很出色。我最喜欢的学生叫马特·拉尼根（Matthew Lanigan）。马特在橄榄球和板球运动上很有天赋，他从维多利亚州北部的天鹅山搬到了墨尔本，来参加 SEDA 项目。他是第一次离开父母，独自住在大城市，所以我向他的父母杰拉尔德（Gerad）和苏（Sue）保证，会格外照顾他们的宝贝儿子。

马特和我一见如故。我俩都打过同一级别板球的比赛，所以我们总是有很多共同话题。

马特从乡下来到大城市，之前我们觉得他有点不合群是可以理解的，但事实恰恰相反。马特热情、有教养、性格好，还非常搞笑，他给班上每个人都起了一个绰号，并且聊天时他总是能关注到每个人的需求。他精力充沛，对生活充满激情，同学们和我都特别喜欢他。

放学后，他有时会待在我们的高墙镜像的立方体里，跟我侃侃大山，交流一下生活感悟。一天下午，我俩从教室的两端互相抛着橄榄球，一边有一搭没一搭地聊着，马特突然不说话了。我有点不明就里，就把球踢给了他，他没有把球踢回来，而是用一只手接住球，肩膀下垂，头也低下来了。

"啊……你怎么了？"我问，不明白他到底发生了什么事。他表现得很奇怪，好像忽然有人在他耳边低语，叫他模仿一个万念俱灰的人，就像表演哑剧一样。

"说真的，伙计，你怎么了？"我又问了一遍。

几秒后，马特抬起头直视我的眼睛，说，"我感觉不对。"

"感觉不对？"我说，"你身体不舒服吗？"

马特摇了摇头。"我不知道怎么回事，"他喃喃地说，"我只是此时此刻觉得不太开心。"

我真没想到他会说出这种话。他是班上最耀眼的火花，数秒之前，他还在跟我一边开心地互传橄榄球，一边讲着老家小伙伴们的奇闻轶事。现在，他的样子就仿佛内心的灯突然熄灭了。虽然我此前有一些和患有精神疾病的人相处的经历，但在这方面我不是专家。我不知道该如何看待他这种突然的情绪逆转，更重要的是，我不知道该怎么做。

"对不起，马特，但我真的不明白你怎么了。"我说。

他把橄榄球扔开，两臂无力地垂在身体两侧，哭了起来。此刻我真希望能告诉你，当时我走到他身边，用一只胳膊搂住他的肩膀，努力去安慰他。但事实上我没有这么做。当时的我僵住了，站在那里一动不动，就在房间的另一边，距离他10米远。

与此同时，马特的哭声从一开始令人心碎的呜咽变成了可怕的嚎叫。这个可怜的孩子想告诉我一些事，但他却说不出来。

我仍然像个白痴一样不明就里，还是只能换汤不换药地傻乎乎地问，"你没事吧，伙计？"

然后马特开始变得非常焦虑。他大口吸气，看上去十分害怕。我以前从未见过别人的恐慌症发作，也不知道他这是不是恐慌症发作，正是这种想法终于让我如梦初醒。我急忙走过去，用一只胳膊搂住了他。他紧紧抓住我，好像我是一件救生衣，而他乘的那艘船正在下沉。

最后，我想办法让他坐了下来。我俩并肩坐在一起，背靠着一面巨大的镜子，马特逐渐开始恢复了正常的呼吸。"我不知道为什么，但我其实一直不开心，"他终于哭了起来，"我从来都不想来上学，上学对我来说太难了，我每天早上都不想起床。"

其实之前我有注意到，马特到学校有点晚，这种情况大概有一个星期了，但我以为这只不过是因为年轻人起不来床或者路上堵车。我正努力思考该如何回应他说的话时，他抬起下巴，凝视着镜子里自己无穷无尽的镜像，斩钉截铁地说："我可能得了抑郁症。"

这下我知道问题所在了，但是我却发现自己这方面的专业知识少得可怜。我从未接受过任何正式或非正式的培训，教我在这种情况下该跟学生说什么，于是我犯了一个可怕的错误。明明马特在向我呼救，我却无意中把问题直接抛回给了他。

"你想做什么？"我问。

"我想回家，"他抽泣着说，"我想回到天鹅山去。"

"好吧，我觉得回家是个好主意，"我说，"我马上给你爸爸打电话。"

大约一分钟后，我打通了杰拉尔德的电话，告诉他他儿子的事情。他说他们会放下手边的一切，马上开车长途跋涉南下赶过来。接下来的几个小时，我只能和马特待在那里，他一直在哭。我实在不知道能为他做点什么，就只能和他坐在一起。

他父母赶到时天已经黑了。和我一样，他们似乎对自己开心果儿子的情绪状态感到很震惊，不知所措。"也许他只是真的累了。"我爱莫能助地说。

"是的，有可能，"杰拉尔德一边说着，一边伸出胳膊搂着儿子，"一起回家吧，伙计。"

"回去后请告诉我他的状况，"他们离开时我说，"有什么我可以帮上忙的一定要告诉我。"

第二天早上6点半，杰拉尔德打来电话，说刚刚发现马特在自家车库上吊自杀了。

"他还活着，感谢上帝，"这个可怜的男人对着电话边哭边说，"是我把他弄下来的。"

我既震惊又难过，手里的电话都掉在地上了。好在马特目前情况稳定，正在前往墨尔本医院的路上，该医院是里士满知名的精神健康专科医院。杰拉尔德说，"我们几个小时后会赶到医院，你能不能也来一趟医院，休？"

于是我立刻打电话给学校告知情况，说我整个上午都会在墨尔本医院。我到医院的时候，马特正坐在床上，身上的连帽衫好像能帮他拒这个世界于千里之外。他拒绝看我，直到我离开医院的时候，他也没跟我说一句话。

在接下来的两个月里，我每天放学后都去医院陪马特大概一个小时。我会把学校发生的新鲜事告诉他，也给他布置一些作业，这样或许能让他摆脱自杀的念头。"学校里的每个人都特别想你，马特。"我说。

但他还是不肯说话。

回到课堂上，我必须坦率地跟其他学生直面这个问题。我也不知道哪些该说哪些不该说，但我觉得学生们马上就要成年了，应该把他们当作成年人来看待了。

"马特的情况真的很糟糕，"我告诉他们，"他得了抑郁症，他也产生了一些相当消极的想法。"

孩子们都很棒。每个人都说了一些深表同情的话，几乎每个人都说想去看望马特，但前提是这样做会对他有帮助。

马特在医院待了大约一周后，似乎感觉好多了。我问了他的父母和医护人员，是否允许一些朋友来看望他。他们也觉得这是个好主意，但前提是马特愿意见他们。

那天下午，我在回家的路上来到医院，问马特是否同意朋友们来看他。他耸了耸肩，默默地点头表示同意。接下来的星期一，我和他的几个小伙伴来到了医院。然而，打开门时，我看到他的左脸上布满了深深的血淋淋的抓痕。

孩子们其实有些被吓到了，不知道该如何应对，但他们尽量让自己保持积极乐观。其实是马特在周末期间突然改变了主意，备受心理折磨后抓破了自己的脸。这让我立刻对这次来访后悔莫及。他身上那个看不见的敌人，让我感到十分无助，我日复一日来看他也效果甚微，但我不知道还能做些什么。

马特是里士满队的粉丝，而我的弟弟乔什，跟里士满队十分受欢迎的中场球员丹尼尔·杰克逊（Daniel Jackson）是老同学，所以我安排了一次探访。丹尼尔是个心有大爱的人，他来访时对马特非常好。来到医院时他腋下夹着一台 Xbox 游戏机，还没等马特有机会在自己的英雄面前表达崇拜，他就忙着在房间里给马特把游戏机安装好了。

"我特别喜欢这个游戏机，"丹尼尔对马特说，"如果你同意的话，我就暂时把它留在这里。如果我想玩儿，我就直接来这里和你一起玩儿。"

马特点了点头，好像笑了笑。

在接下来的一个月里，丹尼尔每隔几天就会去医院，用 Xbox 和马特厮杀一番。这确实对马特有帮助，但丹尼尔觉得他还可以提供更多关爱。

有一次放学后我来探访，很明显马特不想聊天。"如果你不想说，那也没关系，"我总是说，"如果你愿意的话，我还是想留下来陪陪你。"

马特从来不会让我走，也不会让我以后别来了，所以我觉得他还是希望我去看他的。他坐在床上，戴着耳机听着音乐，望着远方，这时有人大声敲了两下门，马特没有听到，但我抬起头来看到了一张澳大利亚路人皆知的脸。居然是本·考辛斯（Ben Cousins），西海岸老鹰队的超级巨星，著名的布朗洛勋章得主。"请问这里有一位超级巨星级人物吗？"本咧着嘴笑着问。我吃了一惊，赶紧说："是的！"然后举起了一只手。但我立刻意识到他问的不是我，于是迅速放下手，感觉自己像个白痴。

我不知道的是，是丹尼尔联系了本，希望能做点什么帮到马特。当时，本也遇到了一些负面新闻，所以他特别知道与看似无法逾越的心理问题做斗争是什么感觉。结果证明，他确实是探望马特的最佳人选。

我用胳膊肘碰了碰马特。"看，马特！有人来看你了。"马特看到这位传奇人物走进自己的房间，立马摘下耳机，大笑着说："你好啊老兄！"就好像他们是老朋友一样。我问马特是否希望我出去。

"不，你留下来吧。"这是自出事那天之后，他对我说的第一句话。

"这家伙是谁？"本指着我大声问。

"哦，他是我的老师。"马特说。

"他在这儿干吗？"

马特没有回答，只是敬畏地看着本。我决定留下来，因为我不想错过马特美丽的微笑。

本有一些负面消息已经不是什么秘密了，但那天我看到的是一个充满同理心的男人。他总有办法让马特感到舒适、安全、被理解和尊重，就像他们是战友一样。

"医生给你开了什么药，马特？"这是他的开场策略。

马特立马告诉他精神科医生给他开了什么药。

"哦，那些药我也吃过，伙计，"本说，"一定要听医生的话，知道吗？我以前也经历过一些非常糟糕的事情，你可能也读到过相关报道，但我向你保证，如果你振作起来，这一切都是值得的。你会渡过难关的，但好的结果不会不请自来，你**必须**主动做出改变。现在看着你，我就觉得你是那种愿意做出改变的人。"

本和马特在一起待了一个多小时。我和他们待了大约 10 分钟就出去了，而且我走到门口时他们似乎也没有注意到。从外面的走廊上，我还能听到笑声，这让我感到宽慰，也让我流泪。我不知道是什么让我"眼睛出汗"，也许是解脱，甚至可能是感激。

那天之后的马特马上发生了转变。我相信这是他人生中的一个重大转折点：一个他十分信赖的人对他说出肺腑之言和经验之谈，把他带到了一个十字路口。更重要的是，本并没有告诉他该走哪条路，他只是给了他力量，促使他选择正确的道路。

在撰写本书时，本仍身陷囹圄。他被媒体追踪，经常遇到麻烦，很多人对他的评价都很低。但那天我在墨尔本医院所看到的本，就像一个守护天使一样完美，我会永远感激他为马特所做的一切。

不过本是对的，马特**必须**主动做出改变。他的康复道路并不顺畅，但他能做到以勇气面对这一切，父母对他也不离不弃。两个月后，马特从墨尔本医院出院，也决定离开 SEDA 学院，和家人一起回到了天鹅山。现在马特的状态很棒。我真希望本知道这一切，但我不清楚他是否还记得自己那天拜访了马特。但我相信，倘若他知道自己给另一个小伙子带来了如此惊人的改变，对他来说也无疑是一件好事。马特现在是一个很棒的灰犬训练师，住在季隆。他不仅工作做得得心应手，生活得也很快乐。

回首这段经历，一想到在教师生涯初期我从未接受过心理健康培训，我就感到痛彻心扉。倘若接受过专业培训，我或许可以阻止马特的情况升级恶化。今后如果有人对你说他很抑郁，按照《澳大利亚心理健康急救中心指南》（*Mental Health First Aid Australia*），你应该做的第一件事就是问他："你有想过自杀吗？"

这个问题很难问出口，但你一定要问出来。如果答案是肯定的，你需要跟进，马上问出另一个同样很难问出的问题："你有没有想过，要怎么自杀？"

当一个人承认自己已经考虑过自杀以及将如何实施自杀时，这通常是他传递的求救信号，他其实迫切需要有人帮助他，并阻止他自杀。换句话说，这是一种呼救的声音。我经常想，倘若当初我问过马特这些问题，他是否会回答"想过""我想过要在家里的车库里结束我的生命"，可是现在，这些答案我永远无从知晓了。

倘若他做出上述回答，我就可以让他的父母参与进来，立即讨论下一步该采取什么措施来保护他。所以有很长一段时间，我都对马特经历的这件事情深感挫败。我对当时的情形处理不当，因为在心理健康干预方面我全无准备，不知道该怎么做。这件事对我的完美主义心态是一个重大的打击。记得在马特准备离开医院时，杰拉尔德陪我走到停车场时说："休，你帮了我们很多，你所做的一切对我们一家十分重要。"我感谢他这么说，但在他们离开后，我还是觉得自己像个冒牌货。

我一直想成为一名完美的老师，就像我在生活的方方面面力求完美一样，我从一开始就把期望值定得高得离谱。事实上，我选择这个职业，与其说是为了成为一名教育工作者，不如说是因为我想保护年轻人免受精神疾病的影响。我看到了它对妹妹的摧残，也经历了它对我们全家的侵袭。如果我一开始就是个称职的老师，也许事情会有所不同。

当今社会，自杀的幽灵阴魂不散，总是令我倍感震惊——尤其是年轻人的自杀。这个问题日益严重。

我一直认为，如果我能把一个孩子或一个家庭从精神疾病的痛苦中拯救出来，就能证明我的职业选择是正确的。但当那一刻降临到那个可笑的壁球场教室时，我内心那个完美主义者却宣称，我是一个可怜的失败者。多年来，这一直是一种耻辱和负担，直到我和本·克罗在霍桑的咖啡馆见面。

我们并不完美，我们会犯错误；我们需要原谅自己，降低为自己设定的标准。我们还要认识到，完美主义的巨大悖论是，它阻止了我们进步。如果我们一味责备自己的不完美，怎么能成长呢？如果人类不先承认自己的错误，然后从中吸取教训，人类该如何进化呢？

不要只是听从专家的建议，现在请你听从我的建议：对你自己多一些同情。跟自己说话的方式，应该像跟你爱的人说话一样。就像本·克罗说的"你值得得到爱，得到归属感，你就是值得得到这些"。

害怕失败

第 9 章

挂挡式结识哈米什·布莱克

哈米什·布莱克（Hamish Blake）和安迪·李（Andy Lee）是我心目中澳大利亚有史以来最棒的喜剧双人组合。这俩活宝丰富了我二三十岁时的主要休闲时光，我甚至怀疑我跟他们是不是有亲戚关系：我们年龄差不多，都在墨尔本郊区长大，幽默感简直如出一辙。他们在澳大利亚人身上寻找最妙的东西，以最真实的方式分享他们对生活的观察和感悟，每每插科打诨、妙语连珠，却能做到不冒犯任何人。然而，我最喜欢他俩的地方，还是他俩那种传播快乐的能力。

哈米什经常提到板球，而且他对于周围的人和事总是心怀感恩，所以很大程度上我总觉得，跟他特别投缘。他平易近人，不会让人产生任何敌意，因此我相信，如果我和他碰巧见面的话，他会马上"抓住"我想说什么，而且我一直这么觉得。

我俩注定会相见。我三十多岁的时候跟他住在同一个近郊居民区，所以经常见到他。每当"偶遇哈米什"时，我就开始给自己做心理建设："如果你鼓起勇气和他聊天，一定要表现得又酷又搞笑。"我一直相信，只要我按这个方法去做，友谊就会随之而来。

　　一个星期五，我和乔什在市中心菲茨罗伊那家我们最喜欢的咖啡馆吃早餐。当时大概是早上七点半，餐厅里人不多，所以我注意到了咖啡馆门口的一阵骚动。哈米什来了！我激动得下巴都快掉到地上了。乔什完全不了解我对哈米什的情愫，所以接下来发生的事情让他大吃一惊。

　　"喂"我轻唤桌子对面的乔什，他的头却埋在报纸里，"看看谁来了！"

　　"什么？"他说，头都懒得抬起来。

　　"哈米什·布莱克来了！"我低声提高了一点音量。

　　"你说什么？谁来了？"他一边说一边揉了揉鼻子。

　　"哈米什·布莱克！"我重复了一遍，音量相当于小学老师口中的"外部声音"。

　　就在那一刻，哈米什正好经过我们所在的桌子。他停了下来，看着我们，笑着说"是我！"他一边竖起两个大拇指，一边走到旁边的一张桌子坐了下来。

　　"哦，该死。"我骂自己，但我太兴奋了，无法若无其事或者说表现得像个正常人。咖啡馆不大，哈米什坐得离我们也不远，如果我歪着头几乎都能听到他在聊什么。

　　"伙计，你能别偷听吗？"乔什看着我说。

　　"但我都能听到他说什么！"我低声说。

　　"是的，这就是重点，"乔什说，"这么做非常不好，别偷听了。"

这个场景我曾在脑海里想象过很多遍。我花了几分钟鼓起勇气，告诉乔什我接下来想做什么。"这里没有其他人，"我说，"我打算跟他快速介绍一下自己，就是打个招呼而已。"

"哦，你最好别这么做。"他说，但我已经从椅子上站了起来。

"我去去就来。"我说。

几年前，我的公司"韧性项目"逐渐开始在澳大利亚的学校中被认可，我参加了有生以来第一次电视采访，第九频道的《今日秀》（Today Show）节目邀请我去谈谈感恩、同理心和正念，但我坐在主持人乔琪·加德纳（Georgie Gardiner）对面时，糟糕的事情却发生了。我当然知道自己该讲什么，这个话题我讲了很多年了，但对失败的极度恐惧切断了我大脑和嘴巴之间的信号。乔琪提出第一个问题时，我当时紧张得完全僵住了，这可是面向全国观众的直播节目啊。

而此时此刻，我轻轻走到哈米什的桌子旁，情景又再次重现：我嘴巴发干、手掌出汗、心脏狂跳，我就知道自己会在所崇拜的人面前把事情搞砸的。我本来想说："你好啊，哈米什！我想告诉你，你所做的一切我都非常喜欢。"但我却盯着他，一句话也说不出来，脸上逐渐露出恐惧。这一定使他很不安，但他不愧是哈米什，他抬起头来，微笑地看着我说："你好啊伙计，最近怎么样？"

这情形跟上次我参加乔琪主持的《今日秀》的情形简直如

出一辙。我想回答他，可我发出的却是简短而尖锐的吱吱声。哈米什十分有耐心，他一直微笑着。"好吧，"他说，"有什么事需要我帮忙吗？"

我拼命想要控制自己，却又只发出了两声吱吱声。有个声音在向我吼叫：你搞砸了，你看起来像个傻子，赶紧说些什么或做点什么显得你很酷哇！

在那一刻，再说些什么似乎不是个明智的选择，我觉得将双手放在后腰至少会让自己看起来很酷。可是，由于紧张，由于害怕犯下更大的错误，我甚至都做不到把手放在后腰。我双手没放在腰带上，而是向上移放在了胸腔两侧，当然也不是在腋窝下，但这姿势就像在模仿鸡的样子，别提多滑稽了。

最后，我终于能说话了。"我特别喜欢你的节目，"我忽然变得滔滔不绝，"我喜欢……是的，我喜欢，我觉得你很棒，所以，我只是……是的！哦，安迪！安迪怎么样？他也非常非常可爱。不管怎样，我希望你今天在这里喝到美味的咖啡，享受美味的早餐，希望你一切都好。"

我瞥了一眼乔什，他正捂着眼睛透过指缝看着我。"好吧，好吧，"我一边说一边又把目光转向了仍然还在微笑的哈米什，"我现在就走。"

他还没来得及回答，我就突然转过身来，回到自己的桌子旁，感觉自己像个侏儒。就在我正要坐下来的时候，哈米什喊道："嘿，伙计！"

我仿佛被一根看不见的皮带拽了一下，立马转过身去，问："什么事？"

"你是不是想跟我击掌？"他问。

乔什没等我回答就插嘴说："不，不，不。你赶紧坐下！"

我才不想坐下呢，我回到哈米什的桌前，仿佛是神在召唤我。"我很想跟您击掌。"我说。

接下来的几秒钟我至今记忆犹新，就像车祸幸存者的慢动作回忆。哈米什向我伸出右手掌时，我也伸出右手，就在那时，内心的声音再次向我呼喊：这可是个好机会，表现得酷一些，跟他碰碰拳头吧。于是我弯曲手指变成拳头朝哈米什的手掌迎过去。

哈米什意识到我想跟他碰拳头，就半途中改变手势也握成了拳头，以迎接我装酷欲爆棚的指关节。不幸的是，我的大脑反应有所延迟，在他握拳的同时我内心的休却在尖叫着告诉自己，恢复到击掌！恢复到击掌！

结果如何呢？我用汗湿的手掌握住了哈米什的拳头。乔什假装呻吟了一声，但我的奇怪举动还没结束。为了避免尴尬，我抓住哈米什的拳头，上下摇晃他的手臂，试图变成握手。

这对我来说也很尴尬，这个家伙可是我一直崇拜的人啊！哈米什和一个差点流口水的陌生人进行了一次世界上最让人讨厌的握手，不知他是何感受。终于是时候撤退了。"对不起，"我沮丧地说，一边松开他的拳头，"我现在就走。"

毫不奇怪，哈米什和我并没有马上成为朋友。

如果人类的境遇是一条长长的走廊，一路走来总会有无数令人心生恐惧的情况。我对其中一些熟悉得不能再熟悉了，比如对黑暗的恐惧（achluophobia）和对蛇的恐惧（ophidiophobia）。谢天谢地，对公开演讲的恐惧（glossophobia）这个毛病并没有缠上我。

然而，还有一种恐惧症我们却很少听到——失败恐惧症，它指的是那种不正常的、毫无根据的、持续地对失败的恐惧。宾夕法尼亚州立大学的研究表明，2%~5%的美国人受失败恐惧症的影响。慢性失败恐惧症会导致呼吸困难、心率加快、头晕、恶心和消化不良，以及一种全方位的恐惧感。更普遍的是，由于害怕无法实现目标或达成结果，这个病会引起无法作为的无力感和个人行为如瘫痪般的停滞。

幸好只有一小部分人有急性失败恐惧症，大多数人所熟识的是那种更普遍的、非常真实的失败恐惧，就像许多人害怕蜘蛛，却又并不是像慢性蛛形纲动物恐惧症那种令人无法动弹的恐惧。在生命中的某个时刻，大多数人都会被对失败的恐惧所困扰，却不愿冒险试试换个做法会不会取得成功。

就拿工作来说吧。如果因为害怕失败就不去申请新工作或争取升职加薪的话，成功自然不会眷顾你，亲密关系也同理。有多少人因为害怕被拒绝而放弃向心仪的人发出约会邀请，就此错过了一生中的挚爱？还有一种常见的恐惧，就是怕自己达不到由社会或自己所设定的标准。还记得刚成为小学教师的我吗？尽管那份工作已经到手了，我还是非常害怕失败，一度还患上了肛门痉挛症。

在某一特定领域很成功也并不意味着可以消除对失败的恐惧。芭芭拉·史翠珊（Barbra Streisand）在全球售出了 1.45 亿张专辑，但她 27 年间一直没有举行过现场演唱会，因为她特别害怕忘记歌词。她在 2018 年时说"我不想让人们失望。"正是这种对达不到标准或让别人失望的恐惧，让她二三十年来一直在与"公开演讲恐惧症"做斗争。

对有些人来说，对失败的恐惧与本书第 7 章和第 8 章中提到的完美主义有关，但还有其他多重心理原因在起作用。小孩子（和我）经常会有一些非理性的恐惧，比如对黑暗的恐惧。然而人们认为，一个人在遇到一些有可能会失败的事件时，就会产生对失败的"理性"恐惧，比如在学校的学业成绩上或其他有组织且可衡量胜败的活动中，比如体育比赛。

然而，害怕失败并不一定是件坏事。研究表明，适度的理性恐惧会促使学生更加努力学习。比方说很多学生完成家庭作业并不是因为喜欢做作业，而是因为他们害怕受到惩罚或让父母失望。

但是，如果过于担心失败，反而会达不到某些标准。你会很难集中注意力，因为你要全身心应对压力和焦虑。这会使一些年轻人刻意不去参加具有挑战性的活动，殊不知迎难而上是有利于他们个人成长的。他们恐惧的表现方式是拖拖拉拉、行为不当或消极怠工，这些习惯有可能与他们终生相伴。我在各地的学校演讲时经常对孩子们说，一定要认识到这一点并加以克服。

练习

如何卸下对失败的恐惧

2021年年中的时候，我很幸运受邀来到播音员兼喜剧演员威尔·安德森（Wil Anderson）的播客节目《威尔谈人生》（*Wilosophy*）。威尔在结束采访时问我："如果你是一个不可能失败的人，你会做些什么？"我是他播客的粉丝，所以我知道他会问这个问题，他的听众给出了五花八门的答案，我却从来没有认真想过自己该如何回答这个问题，也毫无准备。于是我不假思索地说，"我会在墨尔本国际喜剧节上来一场表演！"什么？我简直不敢相信，刚才我竟能说出这种话，我竟然在澳大利亚最成功的单口喜剧演员面前口出狂言！

这个回答着实让我尴尬了一阵子，但后来，我通过回答以下3个问题认真地进行了思考：

1. 失败到底是什么？

2. 倘若我真的失败了，会发生什么？

3. 失败会如何改变我的生活？

思考这些问题让我意识到，如果我演出节目时表现得不够理想，没错 它会伤害到我，我很可能会对自己非常失望。但随着时间的推移，我会把这种失望变成渴望变得更好和学习的动力，这种失败无疑能帮助我成长。多亏威尔提出了这个看似平平无奇的问题，后来我把一些小故事串联在一起，参加了 2022 年墨尔本国际喜剧节。

所以我亲爱的读者，如果你有什么事情想要尝试，但又因为害怕失败而没有尝试的话，不妨也试着回答以上 3 个问题。

然后你会发现，你鼓励自己所做出的冒险行为，恰恰能改变自己的人生。

直面你对失败的恐惧可以帮助你分析前因后果，进而明白，一个人总会经常紧张或感到尴尬。

前文中我不是提到自己在哈米什面前出了大糗吗，那天上午按照日程我得去墨尔本外的伯威克公立学校给学生们做个演讲，在沿着莫纳什高速公路行驶的 45 分钟里，我一直在责备自己出丑。"你到底怎么了？"我质问自己。你完全可以打个招呼，赞美他的节目，祝他一切都好，然后让他一个人安享早餐的呀。

毋庸讳言，这种消极的自言自语对我没有什么好处。

接下来，在向大厅里 300 个盘腿而坐的小家伙介绍自己时，我情绪不高。我的任务是教他们一些技能，帮助他们在心理上更加有韧性，所以我索性决定从那天早上的那个出丑事件说起。经验告诉我，实话实说是建立联系的好方法。我说："有人知道哈米什·布莱克是谁吗？"

等我讲到自己的手像鸡一样放在肋骨那里的时候，孩子们尖声大笑得都在地板上打滚了。我眼中失败的丢脸的事件，从孩子们的角度来看，其实无关紧要。就这样，这个故事后来经常被我提起。

有一次在昆士兰州中部的克莱蒙特，我在给另一拨孩子演讲时，这个故事给我带来了一些意想不到的成长——同时这个故事也成功破冰，打破了演讲开场时的尴尬。我复述了这个故事，在快到结尾处讲到那个"地狱般的握手"时，一个10岁的男孩问："你是说你手握汽车换挡杆了？"

我不明白他是什么意思，于是说："对不起，伙计，你能再说一遍吗？"

"你像手握汽车换挡杆一样对待哈米什·布莱克了！"他喊道，"你的手握着他的手那样摇晃，不就像抓住汽车换挡杆一样吗。"其他孩子也严肃地点头表示同意。那天孩子们没有笑，却充满了同理心。"别担心了，"他们说，"这种事在我们身上经常发生。"

这就是重点所在。这个 10 岁的男孩说得完全正确，而且这种事情确实经常发生。事实上，我们所有人都经历过类似的情况，失败是人生无法避免的一部分。但我们必须勇于面对失败，无论是多么灾难性的失败，都要学会将其视为自我成长和提高的绝佳机会。

第 **10** 章

莱恩的人生

我欣赏的喜剧演员可不只哈米什和安迪，还有他们的朋友和合作伙伴莱恩·谢尔顿，我也是他的超级粉丝。莱恩的职业生涯很长且丰富多彩，他给哈米什和安迪的电视节目写过素材，也帮助克里斯·利雷（Chris Lilley）为伪纪录片《我们可以成为英雄》（*We Can Be Heroes*）写过角色。他在镜头前非常有趣，21世纪初那会儿我收看罗夫·麦克马纳斯（Rove Mcmanus）的节目《罗夫现场》（*Rove Live*）的主要原因，就是在"与莱恩·谢尔顿的哲学思考"的环节里可以看到莱恩。

这个节目在2009年停播了，莱恩似乎在之后也不怎么上节目了，我挺失望的。在我看来，舞台上明显有他的一席之地。我渴望知道他参与的任何事情，就开始在照片墙上关注他，他偶尔会简单写点奇思妙想的文字，讲述他奇怪的自我改变。他的文字总是让我露出微笑，使我在去学校做演讲前有正确的心态。

时间快进到2015年，有一天我走进那家最喜欢的咖啡馆，准备做一些日常工作，我发现莱恩独自坐在桌旁敲着笔记本电脑。这次我可不想让自己陷入另一场像去年见到哈米什那样的"汽车挂挡"事件中去了，我告诉自己不要去打扰莱恩。并不是因为他在工作，而是我不想再出丑了。我可不想失败。

然而，我是他的超级粉丝，咖啡馆也很小，我拉开一把椅子坐在了他旁边。现在回想起来，我和他坐得近得不能再近了，再近的话胳膊肘就要碰到了。我漫不经心地打开笔记本电脑，打算处理几封电子邮件，但我不可能专注于工作，我所能想到的都是：天哪！莱恩·谢尔顿就坐在我旁边！

在尴坐了半个小时后，我还是克服了对失败的恐惧。我把双臂伸过头顶假装伸懒腰，不经意地看向他，装作好像刚注意到有人坐在我旁边一样。"哇，莱恩·谢尔顿！"我故作惊讶地说，"我刚才没看见你，我其实是你所有作品的超级粉丝，你所有的一切我都喜欢。"

"谢谢你，"他热情地说，"你这么说让我很高兴。"

没等他把注意力转回笔记本电脑上，我又一次开口夸他，"这些年来，你真的给我提供了巨大的帮助，"我认真地说，"我有一部分工作是去学校和孩子们聊天，我发现必须让自己感到高兴，否则我无法把正能量传递给他们。有时候，我在演讲前坐在车里，如果我不高兴，就会看你的视频，让自己进入最好的状态。所以，我想为此对您说声谢谢。"

莱恩很惊讶，也真的很感动，他说："伙计，这是我听过的最可爱的听众反馈了，谢谢你。你一般去学校跟孩子们聊些什么呢？"

"幸福和一些跟心理健康有关的东西。"我随口说，还是想把话题放在莱恩身上。

"你在哪儿……"他继续说，但是我打断了他。

"我能给您拍张照片吗？我女朋友也特别喜欢你！"我补充说，这是真的，但我并不是想把照片发给佩妮。

莱恩亲切地摆好姿势，让我拍了一张。我感谢了他，然后我们道别，好像其中有一个人要收拾包离开似的。不久我们很明显意识到，我们俩都暂时哪也不去，都还在咖啡馆待着。我们僵硬地回到各自的笔记本电脑前，在接下来的 30 分钟里默默忙自己的工作。

那天晚些时候，我把这张照片贴到照片墙上，标记为莱恩，希望他会"点赞"。后来，我也很高兴看到他给这张照片点赞了。那天晚上睡觉之前，我对佩妮说"这是我一生中最美好的一天。"我真的欣喜若狂。

4 年后，也就是 2019 年年初，我在晚饭后收拾厨房时，手机收到了一条照片墙的消息通知："嗨，伙计，希望你一切都好，不知我们能不能聊聊？祝好，莱恩。"

这条消息我读了两遍，然后又检查了一遍，才确认它真的是伟大的莱恩发来的消息。"天哪，莱恩·谢尔顿给我发消息了，"我喘着气，转过身来面对佩妮。

"好吧，姿态要酷，"她说，"不要马上回消息，稍微放一放再回。"

晚了，我已经在敲回复信了。"好的，肯定得聊聊！哪天见面？明天吗？"

我们安排在阿奇餐厅见面，就是 4 年前我们偶遇的那家店。对失败的恐惧让我一如既往地执着于自己该如何出场，在我眼中这无异于一次历史性峰会。

我应该早点儿去吗，这样莱恩来时我就已经安坐下来了。这会不会让我看起来太一本正经了？适当地迟到一点儿可能看起来很酷，但如果他来得早，而我却迟到了呢？这会让我要么显得不可靠，要么显得对对方不感兴趣。

结果呢，我俩几乎是在同一时间到达的。"嘿，伙计！"我说，尽量让自己显得很放松，我还是不知道莱恩为什么要和我见面。我们聊了两分钟以后，他直奔主题了："最近我真的感到很失落。"

我完全没料到他会跟我说这个。

他说："那天晚上我和女朋友杰姆（Jem）一起吃饭，我告诉她，我一直想要做一档自己的电视节目。"

作为他的粉丝，我觉得莱恩已经在电视上取得了巨大的成功——其成功比大多数人梦想的要多得多。他写得好，演得也好，获奖无数、好评如潮。如果他还不算成功的话，那谁能算得上成功呢？

"然后我意识到，做一档自己的电视节目并不足以让我感到快乐，"他继续说，"要想真正快乐，我得获得最佳电视节目奖，被誉为澳大利亚最搞笑的人。"

我能感觉到他要说到要点了，所以我没有打断。

"所以，我坐在那里向杰姆解释这些时，我发现：就算我有一档自己的节目，它会是有史以来最搞笑、获奖最多的喜剧，但这都不足以让我开心。意识到这一点以后，我就一直感到非常失落。"

从一个我几乎不了解的家伙那里听到这些，算得上信息量很大了。这可以说是我职业生涯开始以来最暴露自我脆弱的对话之一，这番话几乎立刻就把我和莱恩联系在了一起。很明显，莱恩在寻找朋友和家人之外的指导。我不认为自己能很快给他的问题找到答案，所以我只能一直倾听。

喝了几杯咖啡后，我们互说再见（这次是正常握手），并说好找时间下次再聊。回到家里，我激动地告诉佩妮我跟莱恩见面聊天的细节。"你觉得什么时候给他发消息合适呢？"我问。

"你为什么要给他发消息呢？"她问。

"哦，你是知道的，我只是想说声谢谢，告诉他跟他聊得很开心。"

"怎么我觉得你俩像是在第一次约会似的！"她笑着说。

很快我和莱恩的交情就发展到了每周一起喝一次咖啡。我们会谈论生活中遇到的各种问题——那些男人们通常不会和其他男人公开谈论的事情。一天吃午饭时，莱恩告诉了我一些他一直在挣扎的事情，与他最好的伙伴哈米什有关。他俩从十几岁起就关系很好，在一起创作和制作喜剧，一起工作了很长一段时间。

但由于莱恩自己的某些原因，他发现自己越来越难以庆祝他自己和朋友的成功了。

莱恩与哈米什、安迪和蒂姆·巴特利（Tim Bartley）一起，创办了电视制作公司"空手道电台"。本应因此感到骄傲，莱恩却开始给自己一些自我否定的暗示，认为其他 3 个人拉他进来的唯一原因是可怜他。此外他还总是对自己说，如果说在哈米什和安迪之外他获得了什么好机会的话，仅仅是因为他和他俩关系好而已。

"这些你跟哈米什聊过吗？"我问。

莱恩摇了摇头。

"你得告诉他，"我说，"因为我觉得你不停自我暗示的是一个对自己非常不友善的说法，这种说法对你不公平，没有依据。如果你去和哈米什聊聊，你会发现他对事情会有非常不同的看法。"

我一边这么说，一边发现莱恩的眼眶红了。"你说得对。"他说。

对莱恩的了解使我认识到，无论一个人的生活从远处看多么成功多么伟大，也没有人过着完美的生活。我一直尊敬像莱恩和哈米什这样的人，觉得他们的才情源源不断，走到哪里都被夸，从来也不缺钱花。结果却发现，莱恩和其他人一样，在与羞愧、期望和对失败的恐惧做斗争，这一发现令人感到谦卑，原来人同此心。

正是基于这种意识，《不完美》这个播客的种子最终生根发芽。多年来，人们一直告诉我，我应该做一个关于韧性的播客，但我的回答总是一样的："等我有了可以帮助别人的独特想法时再说吧。"

那天晚上，我在十一点半给莱恩发了消息，告诉他我有了一个做播客的想法。"今天聊了你和哈米什的事情之后，我觉得，如果能请一些知名的成功人士，来诚恳地分享他们内心的挣扎，或许可行。也许我们可以一起做？"

"这个想法很棒，"莱恩说，"但你不需要我，我能在后台帮忙就很高兴。"我（和莱恩的女朋友杰姆）花了大约半年的时间来说服他和我共同主持这个播客，又过了半年的时间，我们才发布第一期节目。

长话短说，我得到的启发是，"空手道电台"以及哈米什和安迪之所以如此成功的答案我在莱恩身上看到了。莱恩展示的是一种以前不为我所知的专业精神、深思熟虑和耐心谋划。要是由我一手操办的话，我恐怕会在莱恩同意参加的第二天就发布《不完美》播客的第一期节目了。

后来另一个关键时刻是，我们找到了我的弟弟乔什，他是一个很有天赋的导演，也很会讲故事，由他来帮助我们制作播客。和这两个家伙共事，一起研究《不完美》播客，简直是我人生最大的乐趣。莱恩的幽默和机智，使有时沉重的话题更容易被更多人接受，而乔什在制作每一集时所投入的时间、精力和技巧本身就是一种高级艺术。我很幸运，能坐在前排座位上，看着他们做各自最擅长的事情。

· 关于友谊

虽然《不完美》播客本质上是关于我们请来的嘉宾的故事，但一位热心听众给我发了一个意想不到的电子邮件：

"我喜欢你播客里嘉宾的故事，但我更喜欢的是你们三个人之间的友谊和互动以及你们关系的发展和变化，这就是真实而健康的友谊的样子。"

这个评价直击痛点，是我一直在思考的一个话题。一段健康的友谊，其成分是什么？开始做播客以来，我和莱恩的关系越来越密切，我和弟弟乔什的关系也发生了巨大的变化。虽然乔什和我经常给对方发消息说"我爱你"，但我们已经很长时间没有真正大声说出来了。多亏了做播客，我才能当面对他说这句话。

在探索友谊的主题时，我偶然发现了一项有趣的研究，这项研究认为判断友谊到底怎么样，不是看人们在你需要帮助时的反应，而是看他们对你的好消息做何反应。

加州大学心理学教授谢莉·盖博（Shelly Gable）深入研究了友谊的动态变化，发现人们在朋友分享好消息时，可能会有以下 4 种反应。

- 主动—建设型：特点是热情、真正感兴趣和支持。这样的朋友可能会说："你升职了吗？太棒了！我为你激动。你一直在为此努力。告诉我具体什么情况。"

- 被动—建设型：这个人**看起来**给了你正能量，但只是提供了一个沉默的回应，并且听完你说的以后不想知道更多的细节。他们可能会说"做得好"或"很棒"，但是声音里并没有什么热情或对你的兴趣。

- 主动—破坏型：贬低或重新解读你的好消息，并且关注其负面。这种人可能会说，"你升职了吗？我希望你已经准备好每周工作 100 个小时。"这些人经常会转而去谈论他们自己，"我很久没有升职了"可能是另一种回应。

- 被动—破坏型：这种人几乎不承认你的好消息，或者会完全改变话题。"你升职了吗？你应该来参加我下周计划好的钓鱼之旅！"

给出这些回应的人，我们都认识，有好的有坏的。佩妮和我有几个朋友就是教科书级别的"被动—破坏型"。

我们说佩妮怀孕了，他们却说："哦，我们都不会要孩子了，受不了那些压力和麻烦。"

我们说我们买房子了，他们却说："是的，我们可能很快也会买房子，但肯定不是在这种郊区。"

我们仍然喜欢这些朋友，但他们算不上是生命中与我们关系最亲密的人。

想得越多，我就越意识到，感情最好的朋友，恰恰是那些每当我有好消息时，迫不及待想要与之分享的朋友。莱恩和我只认识了一段时间，而乔什，我都认识 34 年了，每当我有好消息时，他们都是我分享的首选。我把它归结为共享脆弱。

当时我告诉莱恩，我们"韧性项目"公司要与史蒂夫的连锁超市合作了，他给出的回答就是一个关于人际互联和同理心的大师级别的回答，也就是谢莉教授所说的"主动—建设型"。

"呦吼！"他在电话那头喜不自胜，"快把一切都告诉我，这是怎么发生的？你感觉怎么样？"

尽管当时我们关系那么好了，莱恩也还没有按照我的建议行事，还没去找哈米什好好聊聊。《不完美》播客也让莱恩很忙，但他是一个对世界乐善好施的人，虽然他对意义和目的的追求难以捉摸。"如果我不去努力做一档自己的电视节目，不去努力成为世上最搞笑的人，那么做这一切的目的是什么呢？"有一天他说。

之前我也注意到，他已经有段时间不在照片墙上更新视频了。他提到了"目的"这个词，我也开始有点明白了。我不知道如何帮助他找到目标，但我知道有人可以。2019 年，我把莱恩介绍给了本·克劳。本帮助他意识到，他的人生目标不是要成为澳大利亚最搞笑的人，也不是要做一个收视率最高、获奖最多的电视节目，他的人生目标应该是，用幽默和创造力来传播快乐。

在莱恩明确了这个目标后不久，他在照片墙上直播了 15 分钟，他戴着假发在家里跳舞——这是他 18 个月来在平台上的第一个作品。这简直是我看过的最不同寻常的表演，看得我又哭又笑。结尾处他写道："不管怎样，我回归了。"

然后他就一直处于回归状态。莱恩把目标化为创意，以最奇妙的方式释放了自己的创造力。他构思出了一群可笑的新鲜角色，写成经典的莱恩·谢尔顿小短剧，拍摄搞笑视频并上传到他的网站。所有这些，都仅仅是为了用创造力和幽默来传播快乐。

作为他的好伙伴，能在喜剧演员莱恩重出江湖的过程中扮演了一个非常小的角色，我感到很荣幸，但作为一个粉丝我却欣喜若狂。现在我每个月都能看到自己最喜欢的演员的新作品。这给我带来了巨大的快乐，他的目标也因此得到了实现。

如果没有我，莱恩很可能也会自己解决这些问题，但假使当初我屈服于对失败的恐惧，不去打扰在阿奇咖啡馆看笔记本电脑的他，一切恐怕不会这么顺利。他不会去跟本见面探讨人生目的，不会有《不完美》这个播客，当然也不会有我们后来的友谊。

莱恩花了一年的时间，才最终告诉了哈米什什么事情一直困扰着他。哈米什的反应如我所料：他马上问莱恩是不是被羞愧所困。

在几分钟的时间里，多年来那些折磨人的想法在诚实和脆弱的阳光下消失了。莱恩说从那以后，他再也没有回头。

· 最后一个关于羞愧的故事

2019 年，莱恩第一次来看我的公开演讲。我正准备登上墨尔本会议中心的舞台，一名员工把头伸进我的等候室说："今晚你能讲讲你与哈米什的故事吗？我一直特别喜欢这个故事。"

多年来，我一直在全国各地向成千上万的人讲述我与哈米什挂挡式握手的故事。显然我上一次出现在会议中心时也讲了这个故事。

"我今晚不能讲这个，"我不好意思地回答这位年轻的引座员，"我真的很抱歉。只不过，今天不能讲这个。"

"为什么？"她问。

我这个人一紧张就会变得非常健谈，所以我给她详细解释了一番，从我第一次见到莱恩的那天开始。

"……所以，"5 分钟后我总结道，"莱恩今晚就在观众席上，我担心如果他听到这个故事，他会觉得他能跟我做朋友的唯一原因是，我想见见他的好伙伴哈米什，这虽然是无稽之谈，但我不想冒风险刺激他。"

引座员说，"这一点你需要告诉莱恩。"

这个引座员给我的羞愧提供了一剂良药，她绝对是正确的。我最终鼓起勇气和莱恩进行了对话。我甚至找到了我讲这个故事的镜头并分享给了他。"你知道吗，我和你是朋友，因为你就是你，"我紧张地说，"你是知道的，对不对？"

"我当然知道！"他的表情告诉我，我这是明知故问。他马上又转向了另一个话题，就这样，我的担忧荡然无存。

社交媒体

第 **11** 章

追随流动的感觉

2006 年 11 月 25 日，星期六，标志着范·奎伦堡家族一个时代的结束。乔治亚和我长大了，也从家里搬出去了，于是爸爸妈妈决定把房子卖了。我明白他们为什么这么做，但我还是崩溃了。对我来说，家里的老房子不仅是一个房子，它是一艘雄伟的大帆船，载着我们度过了或狂风暴雨或岁月静好的日子。一想到别人很快就会接管这个房子就难受，但我也知道，父母不需要住这么大的房子了，我也希望房子能卖个好价钱。

房子的拍卖定于下午 12 点半开始。因为是夏天，那个时间我正好要打板球。比赛从上午 11 点开始，但我在去球场的路上满脑子想的都是自家即将被卖掉的老房子。我在心里提醒自己，在投标开始前要给爸爸妈妈打个电话，祝他们好运。板球比赛途中休息时，我跑下球场，从包里掏出手机，想要拨打爸爸的电话，却发现已经是下午 4 点 25 分了。

"怎么回事？"我大声说。我生命中的 5 个小时神秘地溜走了，但我认为才玩了不到一个小时而已。

不过我不必担心这次拍卖了，因为房子已经卖掉了，爸爸妈妈也真的很开心。新主人会对这个房子做些什么呢？我特别想知道。他们会保留那个篮球圈吗？当然会的！上面的网子还是新的呢。那板球场呢？如果他们有最起码的常识的话，就会看出我家板球场的质量有多好，这可是我们精心修建和保养了20多年的球场啊。这些美好的东西可不能因易主而作废了啊。

在父母交出去钥匙两周后，我对老房子进行了一次伤感的驾车拜访。我驾车开过我一生中走过次数最多的那条路，内心感到一阵剧烈的痛苦。

整个房子已被夷为平地。

树木、房子、花园和草坪都被铲平了。

我觉得自己就像《星球大战》（*Star Wars*）中的莱娅（Leia）公主，看到自己的故土奥尔德拉星球被死星摧毁。

房子拍卖的那天并不是我第一次因为打板球而忘记时间。我在维多利亚州职业板球队效力了21年退役后，才得知这种神秘的时间错位的学名叫"瞬时额叶功能低下"。它指的是在某些条件下，大脑前额叶皮层活动的暂时减少，而大脑这个部分是负责决策和系统思维的。当短暂的额叶功能减退发生时，大脑中高度集中的"思考部分"就会退居次要地位，让其他的大脑功能更占优势。这种有趣的现象通常被称为"流动状态"或"流动"。

史蒂文·科尔特（Steven Kolter）是一名美国记者兼"流动研究团体"的执行董事，他写的书也很畅销，根据他的说法，"流动"是指非常专注于自己所做的事情时，其他的一切似乎都消失了。

史蒂文说："我们对自我的认知和自我意识都消失了，时间会扩张膨胀，这意味着有时时间会减慢。如果你看过电影《黑客帝国》(*The Matrix*) 或经历过车祸，就会了解那种'冻帧效应'。有时它会加速，5 小时飞逝，而你感觉才过了 5 分钟而已。"

而我的情况，绝对属于"时间加速"这一栏。我退役后，很多关于板球的事情我都特别怀念：比赛、友情、体能测试，以及在炎热的阳光下挥汗如雨地训练。直到读了史蒂文关于流动的研究，发现它精准反映了我打板球时的感受，我才意识到，我对板球最怀念的，正是它带给我的"瞬时额叶功能低下"。我喜欢这种流动的感觉。

我在 2019 年恢复了体育运动，我很高兴重新找回了这种感觉。在跑道上训练通常需要 2 小时，但是，这 120 分钟在我的感觉中大约就是 10 分钟。说实话，我可以在没有时间错位的情况下生活（佩妮也可以，因为我总是迟到），但我之所以喜欢流动状态，其中一点就是，在这种流动状态，我内心的批评者，那个总在嘲笑我的声音，会沉默一段时间。我跑步的时候不会有一句消极的自言自语出现在脑海中，打板球的时候也不会。

除了借此提升自尊，我在流动状态的时候，也能为我们"韧性项目"公司想出雄心勃勃的创意和计划，想象同事们亲如一家可以在一起做很多美妙的事情。这些都让我对未来充满兴奋和期待。

在新冠病毒肺炎疫情一轮又一轮的封控期间，跑步和它所带给我的流动状态，成了我的精神支柱。2020 年，墨尔本长达 125 天的马拉松禁跑实行约 2 个月后，我的一条腿跟部出现了剧烈疼痛。通过远程问诊，我原来患上了近端腘绳肌腱病。

"这毛病会让我多久跑不了步？"我问。

"100 天吧，"医生回答说，"肌腱正常愈合需要这么多天。"

也许他觉得"100 天"听起来没有"3 个多月"那么令人生畏，但事实并非如此。坏消息还在后面。他说："这 100 天里你也不能坐着。"

如果想让腿快点好起来，我就得半坐半跪地待在像达里尔·克里根（Darryl Kerrigan）在《城堡》（*The Castle*）里那种奇怪的人体工程学椅子上。我的理疗师寄来了一根橡皮练习绳和一个进行单调的腿筋练习的时间表。他说，"你每周可以来一次 3 公里的轻慢跑，但不能更多了。"

电话问诊结束后，我瘫倒在床上，非常沮丧。该死的，我有麻烦了，我想。同一天，维多利亚州报告了 725 例新冠肺炎病例，所以谁都不准离开家，除非是购物或锻炼，更糟糕的是，孩子们也不好好睡觉。这样一来，让我精神逃离到流动状态的那个出口也被砰的一声关上了。在生命中最低谷的那一年，我的状态达到了史上最低点。

这是墨尔本一个寒冷而悲惨的冬天，我已经失去了另一种形式的快乐来源——在各地的公开演讲中与人们交谈，这本是我在生活中经历流动的另一种方式。并不是每次上台我都能体会到流动的感觉，事实上这种情况很少降临，可一旦降临，那会是一种最美妙的如灵魂出窍一般的体验，比我在打板球或跑步时所感受到的流动感还要美妙。就像我离开了自己的身体，浮到舞台的另一边，观看着自己的表演。这是世界上最棒的一种感觉。

在一个特别寒冷的日子里，一封来自非营利组织"维多利亚唐氏综合征"的电子邮件出现在我的收件箱里。

邮件说，该组织下设一个名为 21 俱乐部的小组，成员是来自墨尔本各地的成年人，他们每周聚在一起搞一些社交活动，但迫于封控这种聚会停止了。邮件里说，他们已经 3 个月没有组织活动了，由于缺乏面对面的接触，这些病友的心理状态普遍不佳。

我突然觉得，自己因为不能去跑步就沮丧不已，这确实有些夸张了。"维多利亚唐氏综合征"这个组织问我能不能为 21 俱乐部的成员出几期韧性专刊。我扭头看着我的家人，他们正开心地躺在休息室的地板上玩玩具，我一下子意识到自己是多么幸运，因为我最爱的人与我近在咫尺，而且健康快乐。

"我很乐意帮助你们，"我回复邮件说，"我可以出几期专刊，我也很乐意花时间跟你们一起搞点儿活动。要不我安排一次线上活动和大家见见吧？"

事实上 21 俱乐部已经在封控期间适应视频见面了，他们每两周在网上见面一次。于是我说好，我去参加他们下一次的会议。他们给了我一个小时的时间，所以我花了半天时间，构思和他们交流些什么，我准备了一些幻灯片和视频，还有一些关于感恩、同理心和正念的活动。

到了这一天，活动定于下午 3 点开始，我提前 15 分钟登录了视频会议软件，希望在 21 俱乐部的成员登录之前我就完全准备好了。可是我一登录进去就惊讶地看到 40 张脸都在向我微笑。显然，提前到场也是 21 俱乐部的一个特质。

我还没来得及张嘴说话，其中一个成员就开麦了。他说："你好，休，我叫迪恩（Dean）。我想欢迎你来到我们 21 俱乐部。你能来我们特别高兴，大家都等不及要跟你一起学习了。"

而我还在努力接受提前 15 分钟开始这一现实，因为我只准备了 1 个小时的材料。这时另一个家伙开麦说："我也想欢迎你来到 21 俱乐部。"

"嗨，休，我叫萨拉（Sala），"又一个人开麦了，"我也想欢迎你来到 21 俱乐部，谢谢你来参加我们的活动。"

在接下来的 25 分钟左右的时间里，我接受了每个人最热烈、最衷心的问候，他们一一介绍自己，并对我表示欢迎。这一轮下来我们的进度已经远远落后于原计划了，我都担心能不能把我准备的材料挤在不到 1 个小时之内讲完。

"不好意思，休，"另一位年轻女子说，"我就是想告诉你，我今天 3 点就得离开，所以如果我消失了，请你不要惊讶。"

"当然，没问题，"我说，"你是还得去其他地方吗？"

"不，"她说，"3 点我就是想放松一下。"

"好的，"我说，一边尽量忍住不笑，"如果你消失了，我会明白的。"

培训还没正式开始，我就已经爱上 21 俱乐部的成员了。我决定抛开之前准备的内容，而是跟大家聊聊天。我全神贯注，想要了解他们，毕竟，这正是大家来到俱乐部的意义。我把自己各方面的情况告诉他们，他们也轮流告诉我各自的爱好和兴趣。一个叫史蒂夫（Steve）的人第一个发言。

"我喜欢女人。"他说。

"哦，"我微笑着点了点头说，"你现在还喜欢女人吗？"

"是的，还喜欢。还有游泳，"他补充道，"女人和游泳。"

另一个家伙的电脑上用电线连着一个正儿八经的麦克风，他拿着麦克风的样子就像弗雷迪·墨丘利（Freddie Mercury）。

"你喜欢什么呢，伙计？"我问。

"我喜欢喝东西。"他实事求是地说。

"哦，是吗，喜欢喝什么？奶昔、冰沙，还是果汁？"

"非也非也，"他一边说一边向前弯下腰，仿佛要吞下麦克风，"我喜欢喝烈酒，不醉不欢。"

21 俱乐部的成员是我很长一段时间以来认识的最棒的一帮人。难怪他们特别想念面对面的交流方式。虽然他们很幽默，但他们同时也是掌控自己脆弱一面的高手，他们从不讳言对彼此的思念和爱。

虽然我们放弃了一本正经的交流方式，但我还是建议大家稍微谈谈自己所爱的人——毕竟，这次活动的主题是彼此互联。我先例行公事地说了说我的家庭，轻车熟路、乏善可陈：家人的姓名、年龄、职业和兴趣等。然后我坐下来放松倾听，越听越发现，这简直是一个大师班课程，主题是如何谈论世界上你最爱的人。

首先发言的是一个有着浓密棕色头发很健谈的女孩。她说："有时候，在一天的忙碌工作后，我太累了，累得都没力气告诉弟弟我有多爱他，所以我就给他一个大大的拥抱。他从我的拥抱中就能知道我有多爱他。"

"我也想拥抱你弟弟，"另一个人说，接着其他人也说，他们也很想拥抱这个女孩的弟弟。她也对他们每个人都做出了回应，"你们会喜欢拥抱他的感觉的。"

一个比较年轻的男士告诉我们，他喜欢他妈妈的气味，因为这能让他立刻感到很幸福。我完全清楚他的意思。"但不能是爸爸，"他坚定地说，"爸爸就完全是另一回事了。"

大家一致表示赞同，这下我只好扮演嘉宾主持人的角色了，因为他们根本不需要我。于是我放松地坐在那里，一直微笑着，时不时眼中泛起泪光。其实我只跟他们在一起待了很短的一段时间，但我全情投入、深受感动，感受到了一种非常强烈的情感纽带。时间过得很快，会议的召集人也就是"维多利亚唐氏综合征"组织的工作人员艾莉森（Alyson）准备要说结束语了。

"好吧，伙计们，恐怕我们现在得让休下班了。"她说。

"不，我们聊得很好！"我马上说，"如果能待到 4 点我会很高兴。"

艾莉森说，现在早就已经是下午 4 点多了，我惊呆了。我们竟然已经聊了将近一个半小时了，但我感觉只过了不到 20 分钟。我又一次体会到了"瞬时额叶功能低下"。同时我也知道，这不会是我与 21 俱乐部的最后一次会面。

"流动"这种心理现象背后的神经科学很有意思。当前额叶皮层休息后，其他不受批判性思维控制的各种冲动就有机会占上风，比如创造力或冒险行为。在我身上，主要表现在会有一些大胆的积极的想法产生，比方说在我跑步或当众演讲时，显然，与 21 俱乐部的伙伴们在一起时也是如此。

"瞬时额叶功能低下"有很多别称。在 NBA，篮球运动员称其为"无意识"。其他精英运动员则表示，这种感觉让他们"处于巅峰状态"，而爵士乐家们则称之为"在口袋里"。

匈牙利裔美国心理学家米哈里·契克森米哈顿（Mihaly Csikszentmihalyi）教授第一个发现了这种精神状态并给它命名。哈里教授认为，流动是"一种发现感，一种将一个人带到更高现实的创造性的感觉"。

贝鲁特美国大学的认知神经科学教授阿恩·迪特里希（Arne Dietrich）也研究了"流动"，他指出其关键特征是：

- 让人分心的东西从意识中消除了。

- 时间失去了意义。
- 自我放逐，就像自己不在场一样。

所有这些，所描述的都是我们大多数人在这样或那样的情境中所经历过的情况——此时我们往往能发挥出最佳状态。哈里教授说，当一项活动对一个人有足够大的挑战，要求他全神贯注，但又并没有压倒他的意识时，"流动"就会实现。在无聊和焦虑之间找到平衡，就能到达科学家们所说的"流动通道"。

"流动"也是人类大脑唯一同时释放 4 种"感觉良好"激素的时刻——催产素、多巴胺、血清素和内啡肽。哈里教授认为这会产生 4 个方面的好处：

- 精神高度集中。
- 思维清晰。
- 思维不受阻碍。
- 积极的感觉。

现在，在你翻到下一页之前，问问你自己：你盯着智能手机屏幕的时候，经常会产生这种"流动"的感觉吗？

第 **12** 章

一个名叫遗憾的文件，再来一个

我在我的第一本书《韧性项目》里讲过，为什么大家应该把手机留在家里，人们应该如何重新安排家里的电子屏幕观看时间来减少媒体技术的吸引力，以及应该如何通过关闭手机上的各种消息通知来防止硅谷的工程师们让我们"上瘾"。我自己严格遵守这些规则，以身作则，而且这些措施对我很有帮助，直到新冠疫情暴发。疫情带来了封控，我也就时不时又拿起手机来社交了，大家其实都一样。几乎一夜之间，我发现自己越滑越远。

一个美丽的春天下午，刚结束了一段时间的封控，我和妈妈带我儿子本吉去附近的一个游乐场玩。本吉第 15 次成功滑下了滑梯，我为他加油打气，然后我就开始心烦意乱，说实话我是觉得太无聊了。于是我不由自主盯着手机屏幕，不知是在寻求消遣还是想确认什么，还是某种什么东西在吸引着我。有时人们自己都不知道为什么要看那些该死的东西。

我不用抬头，都能感觉到妈妈在看着我，她脸上露出非常不满的表情。

"我在等一封重要的电子邮件，"我撒谎了，"一分钟就好。"

我的谎言让妈妈更失望了，她盯着我看了一两秒，然后摇了摇头，把注意力又转向了本吉。

"妈妈，这封邮件真的非常重要，"我又说了一遍，自欺欺人，同时也欺骗了妈妈，"这封邮件意义重大。"

"知道吗，休？"她说，"我现在不是替本吉感到遗憾，而是替你们。"妈妈指向游乐场，目之所及我看到，许多家长的目光不是追随着自家孩子，而是都盯着手里的小小电子设备。妈妈又说，"实际上，我觉得你们这一代的家长都很可悲。"

我有无数妈妈带着我在公园里玩的美好回忆，那时没有手机，日子是多么的无忧无虑。但是本吉呢？我想，他在公园里的很多记忆，都是我像数码瘾君子一样捧着手机看个不停。

妈妈接着说："我像你这么大的时候，你也就是本吉的年纪。你看到了什么，我也就看到了什么；你听到了什么，我也就听到了什么；你闻到了什么，我也就闻到了什么。我一直和你在一起，我和你一起体验这个世界。"

妈妈的话产生效果了，我内疚地把手机塞回了牛仔裤的口袋里。

她说："正因如此，虽然我老了，我却拥有令人难以置信的记忆和情感。每次走过茉莉花丛我情绪都很激动，因为你小时候最喜欢茉莉花的味道了。"

妈妈抬头把脸朝向湛蓝的天空："像这样的天气，天空万里无云，你就会非常开心。到现在只要遇到好天气，我就会想起你小时候，从生活中简单的事物中所发现的快乐。而现在，你陪伴本吉成长的过程中却体会不到这些了，对此我很遗憾。你们这一代人真不适合带孩子。"

妈妈一直是我为人处世的典范，尤其是在情感和与人交往方面。我和弟弟妹妹的"情感素养"是在家里形成的，我们知道如何把感受用语言表达出来，并且清晰地传达给自己和他人。我很幸运，妈妈对情感素养的重视有一种难以置信、与生俱来的本能。

她总是爱问我的感受，也告诉我她正在经历什么样的情绪。她给我上的最早的情感素养课发生在我第一次去小伙伴家玩儿的时候。在幼儿园的时候，我很敬畏班上一个叫安迪·莫斯（Andy Moss）的男孩。他简直是幼儿园里最酷的孩子，放学后他邀请我去他家玩儿，当时我的心情就像要过圣诞节似的好。

妈妈带我一到他家，莫斯就和我一起跑到他的房间去玩儿了，而妈妈则坐在厨房里和莫斯太太一起喝茶。

"你想看看我壁橱里的东西吗？"我们走进他卧室时莫斯问我。

"哦，想，我想看看。"我兴奋地尖声说道。

莫斯打开壁橱门，让我进去，然后突然把门关上了。"你待在里面吧，我在外面玩玩具。"他低沉的声音从外面传过来，仿佛这是请小朋友来家里玩儿的一件再正常不过的事情。

我太害羞了，不敢反驳莫斯的非正统待客之道，所以我在漆黑的壁橱里坐了一个小时，直到回家时间到了。在回家的路上，我坐在车里十分安静。

"你没事吧？"妈妈问。

我哼了一声没有回答，我真的不知道该说些什么。

"你感觉怎么样，亲爱的？"妈妈追问。

"我感觉很难过。"我终于承认了。

"为什么难过？"

我告诉妈妈，自己一直坐在莫斯家的壁橱里，她同情地看着我说："如果有人把我锁在柜子里1个小时，我也会很难过。如果有人这样对待你，你肯定会感到难过。"

于是在接下来回家的车程里，我们聊起了悲伤难过这种情绪，聊了我生活中其他难过的时候，聊了妈妈难过的时候，聊了难过时我们该如何应对。时间一分一秒过去，我没那么难过了，我们也从中学到了东西（比如这次，我学会了不要因为别人要求就坐在柜子里）。

多亏了妈妈，到家时我已经明确了自己的情绪，知道这种情绪是合理的，并且努力找到了可能的解决方案。

墨尔本皇家儿童医院的儿科医生比利·加维（Billy Garvey）博士说，孩子（成年人也一样）跟你说有事情令他们很挣扎的时候，我们需要做3件事情：

- 帮助他清晰表达他所感受到的情绪。
- 告诉他产生这种情绪是合理的。

● 帮助他解决这个情绪问题。

比利博士说："作为父母，我们太热衷于跳过前两步，只去解决问题。"这个道理并不只适用于教育孩子。几年前，我倦怠疲惫到无法起床时，我打过电话给几个人，把我的情况告诉他们。出于关心和帮助，他们都想立即帮我解决这个问题，而我记得，当时我并没有好转。事实上，我还是感到沮丧和焦虑。毫不奇怪，我告诉妈妈后就马上感觉好了一点儿。记得小时候我在全班发言时尿裤子那次也是，我被关在莫斯家柜子里那次也是，她帮我给自己的情绪贴上标签，然后告诉我，产生这种情绪是合理的。她会说："我完全理解你为什么会有这种感受，亲爱的，如果我经历了这些，我也会有这种感受。"

行文至此，我对妈妈充满了深深的感激之情。她总是与生俱来地擅长处理这样的场景，而别的家长可能要花数千元去参加亲子课程来学习。我真幸运，每次带着一个问题去找妈妈时，我都会坐在前排接受优待，现在我仍然享受着这种优先的待遇。我很高兴她现在可以和孙辈一起共享生活中的酸甜苦辣。我一直很幸运，能直面自己的情绪，不过这一切并非偶然，都要归功于我的妈妈。

此时我站在游乐场里，儿子在玩儿，我却假装在查看电子邮件，妈妈的一番话给了我迎头痛击。我很清楚她在说什么，也知道她是对的。事实上，多年来，我一直在各地倡导同样的事情。我跟其他带孩子在游乐场里玩儿的家长并无二致，这让我感到内疚，但同时也因为母亲的一席话，我与他们有了本质的区别。

当今社会，人们会转向社交媒体平台，以求填补内心空白，努力满足自己的心理需求。在此过程中，我们只需几个月的时间就又养成了坏习惯，让自己成为科技公司各种伎俩和心理游戏的俘虏。他们的策略非常简单：经过精心设计，让人们的目光一旦离开屏幕就不自在。

墨尔本当地媒体时代报（*The Age*）在 2019 年引用的研究数据显示，在新冠疫情之前，澳大利亚人平均每周看电子屏幕的时间超过 46 个小时。不仅如此，澳大利亚人均每天看智能手机 85 次。在各种恐惧症的列表上，甚至又增加了一个"新成员"——无手机焦虑症。

尽管在线学习在学校因疫情而停课后是必要的权宜之计，但从幼儿园到 12 岁的整整一代孩子，必须以前所未有地（实际上是连续地）使用以前不常用的设备和社交媒体平台。疫情期间儿童的电子屏幕使用时间飙升，家长和教育学家都为此忧心忡忡。

斯坦福大学的心理学教授基思·汉弗莱斯（Keith Humphreys）说："这会有一段史诗级的戒瘾期。"基思教授是研究成瘾方面的专家，也曾是奥巴马总统的顾问，他认为，为年轻人开设的"数字戒瘾诊所"需要帮助年轻人在正常的互动中保持注意力，而不是每隔几秒就会得到电子奖励。

在某些方面，新冠疫情所带来的海啸般快速的社会变革，每每会吞没我关于应对社交媒体和屏幕成瘾的建议。在我慈爱的母亲的帮助下，虽然我所建议的措施仍然适用，但我发现，疫情后我们需要更加努力，帮助人们摆脱对社交媒体和电子设备上瘾。

听之任之的代价是很高昂的。Educare 是新南威尔士州一家致力于年轻人心理健康的组织，该组织认为，过度使用技术会导致焦虑和抑郁，人的自尊和生活满意度降低，情绪稳定性也会降低。对社交媒体和游戏上瘾的孩子更容易睡眠不足，也更容易感到紧张。

我们"韧性项目"的相关研究对这个问题的发现也应引起人们的重视。与我们合作的每一所学校的学生都要接受"韧性青年调查"，这项调查有助于我们评估并总结出该校学生的整体心理健康状况。2020 年，有 32 万名学生参与了调查，39% 的中学生反映，他们会在晚上 10 点到早上 6 点给朋友发短信。更令人担忧的是，18% 的小学生承认自己也有同样的行为。

2020 年，全世界售出了 13.8 亿部智能手机，我们该如何着手帮助年轻人（也包括老年人）摆脱手机的消息提醒声音此起彼伏这种全球性的失常状态呢？

我认为这个问题的部分答案可以在"流动"中找到。

过去几年，我家都是在维多利亚的冲浪海岸过的圣诞节，跟我们不谋而合的，是千千万万其他家庭，大家都想远离城市的忙碌和喧嚣。孩子们在沙滩上玩耍或在海里游泳，几乎每个跟我聊过的家长都说，孩子在每年的这个时候总算是真正"活"起来了。

"他们在海里冲浪 3 个小时，然后我们一起吃午饭、聊天，"一位爸爸一边看着孩子们冲浪，一边滔滔不绝地对我说，"然后他们下午回到海滩或公园，他们才不想要手机呢，不想看电子屏幕也不想玩电脑游戏。这样疯玩一天下来，他们累是累，但是玩得很开心。"

在费尔黑文美丽的沙滩上，几乎每个家长都这么说。我相信那些孩子的共同特点是，他们都处于"流动"状态。其好处不言而喻：孩子们的愉快经历令他们自我感觉良好，消极的自我对话就不会出现。他们不需要从社交媒体上获得众包来的自尊，他们完全可以从"流动"中获得自尊。

那么，如何在生活中获得更多"流动"的感觉，而不是整天沉溺于电子屏幕呢？我仍然坚持自己在上一本书中提到的关于手机的建议。我们应该：

- 把脸书和照片墙等社交媒体应用程序从手机上删除。如果确实需要使用，可以打开笔记本电脑。
- 关闭所有消息通知，其唯一作用是鼓励我们去使用手机上的应用程序。
- 把所有令人上瘾的应用程序都从主屏幕上删除。
- 如果可能的话，出门时把手机留在家里。

· 找到会让你处于"流动"状态的活动

"瞬时额叶功能低下"这种状态感觉不错吧，现在你可能在想，什么活动会让你自己处于"流动"状态呢？如果你心里已经想到了某项活动，请回答以下 5 个问题。如果你对这 5 个问题的回答都是肯定的，那么很有可能你已经找到了会让你处于"流动"状态的活动。

- 你喜欢这个活动吗？

- 这个活动难易程度是否适中？

- 你比较擅长这个活动吗？

- 在从事这个活动时，你所关注的是过程（而不是结果）吗？例如，如果它是攀岩，你更在意攀登的过程还是从山顶看到的风景？

- 你在从事这项活动时是否会忘记时间？

这些问题我们同样可以问孩子，但孩子们处于"流动"状态时是很容易辨别的：他们会很积极、很专注、很快乐。

2021 年，随着墨尔本的封控超过了 200 天，进入"流动"状态成了我经常需要寻找的出路，但有时找到这种状态也不容易。和两个年幼的孩子一起待在家里，还想完成这本书的写作，常常让我力不从心。去跑步是我通往"流动"状态的途径，但我并不总能自动一点击就马上进入"瞬时额叶功能低下"的状态。说实在的，挺难的。不过，随着时间的推移，我找到了让自己的思维与"流动通道"保持一致的方法：

● 搞一个准备仪式：我会在跑步前做一些例行准备工作。装满两瓶水、准备蛋白质饮料、装书包、戴上耳机。跑步的时候，我听的歌曲来自固定的播放列表，40 分钟热身运动也一成不变。通过严格遵照这套程序，我从来不会感到有非得迅速进入"流动"状态的压力。通常热身运动才进行到一半的时候，我就舒舒服服地滑入了"流动"状态。

● 确定你创意和效率的高峰时间点：对我来说，最佳时间节点是上午 9 点 30 分左右，我喝过了咖啡的时候。如果能在最佳时间节点进入"流动"状态，大脑会更有机会进入"瞬时额叶功能低下"的状态。

● 消除干扰：显然手机必须不在场。如果我带了手机的话，跑步的时候我就会把它放在车里。我搞定了如何把音乐播放列表放到手表上，所以这就相当于改变了游戏规则，可以不需要手机了。智能手机是进入"流动"状态的克星。

跑步和与 21 俱乐部的定期聚会，让我度过了地狱般的 2020 年。无论周围的世界发生了什么，这两件事情都给我带来了无法估量的快乐和满足。我还发现，参加 21 俱乐部的活动或跑步的日子里，我压根儿没有上社交媒体的欲望。我满足得就像费尔黑文海滩上的孩子们一样，我让自己处在了那种"流动"的状态。

为了进一步探索"流动"，我开始记录自己在"流动"状态下和之后所直接感受到的情绪。一页页纸上很快就记满了积极的文字。几周后我回看这些笔记，发现反复出现 3 个词："爱""归属感"和"被认可"。

这是我与电子屏幕上瘾做斗争的分水岭。我们都有对爱的心理需求，对归属感的需要，还想时常被认可。我在第一本书中曾写道，社交媒体之所以被设计出来，就是要让人们觉得自己的心理需求得到了满足。想要感受到被爱的感觉吗？上传一张你自己的照片，等着别人给你点击那个红色爱心按钮表示对你的喜爱吧。想要有归属感吗？社交媒体上有无数你可以加入的团体。想要得到认可吗？在社交媒体上告诉大家你毕业了，买新衣服了或是升职了，然后坐等"大拇指"涌入吧。

社交媒体上的东西似乎触手可及，但问题在于——这些没有一个能真正满足我们的心理需求。

2021 年年初的一天，在进行了一段特别艰苦的跑步训练后，我仰面躺在地上，累得不想动，我一边凝视着天空，一边喘着粗气。突然一股强烈的爱的感觉向我袭来：对身边人的爱，对我自己的爱，对生活的爱。

我站起身来，摇摇晃晃地走到放包的地方，我感受到了对跑步族的强烈归属感——其他"疯子们"那天也在跑道上拼命地飞跑。最重要的是，我觉得自己被认可了，好像我擅长某件事似的。并不是因为我在社交媒体上分享了什么成就，而是因为我知道，我刚刚取得的成就是我努力训练的结果。

有一种观点认为，随着年龄的增长，寻找"流动"的感觉会变得越来越困难。我们原本可以花在经历"瞬时额叶功能低下"的活动上的时间，往往成年后被各种各样的事情挤压侵占，尤其是有了孩子以后。

面对那些迫切要做的事情以及父母的责任，我们往往首先会牺牲掉自己真正享受其中的事情，无论是打高尔夫、打网球、演奏乐器、冲浪或是园艺。如果你纵容自己忘我享受"流动"的感觉，好像会让自己显得很自私。我认为这是错误的。如果你真的知道什么活动能让自己"流动"起来的话，应该努力把这件事融入你的生活。想办法安排它，并坚持定期去做。你不仅会体验到"流动"起来的好处，而且也有可能会体会到爱、认可和归属感。如果你和我很像的话，对拿起手机盲目滚动屏幕的渴望也会骤减。

2020 年，我每两周都参加一次 21 俱乐部的线上活动。我从来不用提前计划什么，只需登录视频会议，然后加入与朋友们的对话。我们聊得特别开心，我们会聊这个疯狂的地球发生了什么可笑的事情，以及在地球上活着的人类这样那样的离谱之处。每次我都无一例外地会进入"流动"状态，这种感觉比我在跑步时所经历的"瞬时额叶功能低下"状态还要好。为什么呢？我想这是因为，我与其他人产生了联结和互动。

我从 21 俱乐部那里学到了很多东西，还为韧性项目开发了一些很棒的想法。值得庆幸的是，21 俱乐部举办 2020 年圣诞午餐时，对墨尔本的封控正好解除了，收到邀请我高兴极了。午餐是一个周六下午在霍桑的一家酒吧举行的，出门时我告诉佩妮大约一个小时后我会回家。到了酒吧，我径直朝拐角处走去，那里有一大群人围坐在一组桌子旁，应该是 21 俱乐部的成员。

"不好意思，这是一场私人包场活动。"我坐下时有人对我说。

"是的，我知道，"我说，"有人邀请我来的。"

我环顾了围坐在桌边的三十几个人，他们都看着我，而我只认识其中一两个人。原来 21 俱乐部有两个不同的组，而我错误地收到了另一组举办圣诞派对的邀请！

"是谁邀请你来的？"那个人问。

"我是休，"我说，"这一年来我一直都在跟 21 俱乐部的朋友聊天。"

突然，一个女人的声音打断了房间里谈话的嗡嗡声。"让他留下来吧，"她说，"他还挺可爱的。"

接下来，我一个接一个地跟每个人打招呼，做自我介绍，然后祝他圣诞快乐。然后，我们开始聊彼此的业余爱好和兴趣。半个小时后，我想我最好给佩妮打个电话，她一个人和孩子们在家呢。我手机放车里了，我把手机从包里拿出来，立刻惊呆了。

将近三个小时已然飞逝。

所以，如果你想摆脱对社交媒体的依赖，那就腾出时间，让自己进入"流动"状态，沉浸其中，尽情享受它带给你的逃离现实感吧。

自我

第 13 章

跑步

我第一次听说卡特里奥娜·比塞特（Catriona Bisset）是在2019 年冬天，当时我正在翻看《先驱太阳报》（*Herald-Sun*）的体育版。作为一名超级田径迷，我看到她在伦敦钻石联赛比赛时打破了一个保持了 43 年的世界纪录，这让我很激动。卡特里奥娜以 1 分 58.78 秒的成绩，获得了澳大利亚女子 800 米跑冠军的称号。

报纸上说，当时 25 岁的卡特里奥娜十几岁时深受焦虑、抑郁和饮食紊乱困扰，甚至一度停止了跑步训练。22 岁时，一位心理学家认为跑步对她的心理健康有益，于是她又恢复了跑步。她很快就参加了比赛，并最终被载入史册。

我放下报纸，心想我必须要跟她见一面。

我通过社交网站给她发了一条私信，首先为自己的冒昧和非正式叨扰表示歉意，然后告诉她我主持了一个名为《不完美》的播客。问她："不知道你是否愿意作为嘉宾来跟我们聊聊你的故事？"

她竟然答应了。她从伦敦载誉归来后，我们一起喝了一次咖啡，讨论了她的情况，发现她特别适合来参加《不完美》这个节目。我们就各自的经历交换意见，我被她的洞察力和诚实所打动。她的思想很有深度，讲起话来也百无禁忌。

"你喜欢跑步吗？"在我们的谈话快结束时，她问。

"是的，信不信由你，我真的很喜欢田径，我是一名短跑运动员。"我有点骄傲地说。

"是吗？"她带着一丝怀疑问道，很可能是因为我的年龄（当时我 38 岁）。

"是的，我每个周六都参加比赛，"我说，"我喜欢跑步。"

之前一年，我重拾了跑步这个爱好，因为我刚刚结束了职业板球的运动生涯。虽然在高中练过田径，但我从没想过会重操旧业，但我就这样开始了，人到中年还要跑 400 米短跑。

然而，在自己训练了一年后的 2019 年，我开始感觉自己失去了动力。我和卡特里奥娜聊到这个话题时，发现我们参加的是同一个俱乐部——墨尔本大学俱乐部。

"那么你 400 米能跑多快呢？"她问。

"55 秒。"我说。我知道这个成绩不错，但远没有达到职业运动员的标准。

"你应该来和我们一起训练。"她说。

"呃，和谁一起训练？"我问。

"和我一起训练的姑娘们，"她说，"我们的教练是彼得·福琼（Peter Fortune）。"

好，没问题，我心想。彼得是凯西·弗里曼（Cathy Freeman）

的私人教练。

卡特里奥娜继续说，"我们有几个人想参加东京奥运会，这是一个非常棒的团队，我觉得你会有很多收获的。"

"你一定是在开玩笑吧。"我微笑着说，仿佛在说别拿我找乐子了。

但她却说："何不试试呢？说不定你能跟上我们的速度呢。就算你跟不上，也会很快适应的，你会训练得更好、更健康。姑娘们都很棒，你会喜欢她们的。"

从讨论播客到被邀请与未来的奥运选手一起训练，这信息量有点儿大。一方面，我的梦想要成真了，这是一张通向精英体育世界的通行证。另一方面，这也有点儿可怕。一个 38 岁的田径新手，从来没有和澳大利亚最好的运动员一起训练过。这将是对身体的残酷考验，情感上也存在风险，我很可能会自取其辱。我潜意识里其实根本不想让自己牵连进去。

"我不知道，我得考虑一下。"我说，其实我已经想好此事免谈了。我的自我此刻在耳边大声叫着：如果你去了，就会像个傻瓜，反正你也没什么好证明的，你比大多数同龄男人都跑得快，你为什么要自取其辱呢？你其实很厉害。

"别考虑了，说做就做！"卡特里奥娜说，"反正又没什么损失。"

"哦，我不知道。"我回答，脸上露出了痛苦的表情。

卡特里奥娜说，她的训练队下周二会在湖畔体育场进行训练。"我们会进行 10 次 200 米短跑，中间休息 2 分钟，目标是每次大约在 27 秒内跑完 200 米。你要是觉得能做到，你就应该来。"

·"自我"并非见不得人

伟大的哲学家埃克哈特·托利（Eckhart Tolle）将自我定义为"对形式的认同，主要是思想形式"。如果暂时放弃自我，我很愿意承认，这个定义我完全不明白它说的是什么意思。我更喜欢畅销书《绝对自控》（*Ego Is The Enemy*）的作者瑞安·霍利迪（Ryan Holiday）的定义。他称自我意识是"对自身重要性的一种不健康的信念"。他说，自我把对自己的关切变成了一种强迫症，把健康的自信变成了不健康的傲慢。

不妨把自我看作："我们应该成为谁"这个故事的守护者和叙述者。它整天和你交谈，一遍又一遍地用同样的潜台词重复同样的故事，重申你的自我形象。自我是为了保护一个人不会受到尴尬、羞耻或失望的伤害，但是如果一个人被困在故事中，或者说在有机会学习和成长时故步自封，就会出现问题。

假设我在和卡特里奥娜喝完咖啡后，听从了我的自我意识，我就会直接回家，不考虑接受她一起训练的邀请。我没有什么可证明的，有什么意义？我可不想无缘无故地看起来像个傻瓜……

然而，我没有在乎那个自我，而是在那天下午开车去了湖畔体育场，参加了卡特里奥娜的奥运短跑训练。对跑步的热爱和对精英运动员的迷恋让我变得脆弱而不是任性。

完成了 10 次 200 米的冲刺后，我倒在地上几近虚脱，拼命控制住自己才没呕吐出来。虽然我有点儿菜，但我尽力把自己推到极限，以平均 29 秒的成绩跑完了 200 米，比这些奥运级的女子选手只差了 2 秒。

我开始认真考虑卡特里奥娜的训练邀请。我想当天我可能神经过于紧张，导致自己差了这 2 秒。也许我正常发挥的话，就不会显得那么菜了。

又一个星期二到来了，我几乎无法集中精力工作。我在脆弱和妄自尊大之间摇摆不定：坚持参加训练，愿意接受失败，还是不去以免尴尬。我心里还在犹豫不决，身子却跳上了车。我告诉自己说，我就开到田径场然后坐在停车场里，等到了那里再做决定吧。

我到了湖畔体育场，还没拉上汽车手刹就看到卡特里奥娜从自行车上下来。更要命的是，她看到了我。"哦，看来还是要发生了。"我喃喃地说。

"嘿，"她挥了挥手说，"准备好训练了吗？"

几分钟后，卡特里奥娜出示了通行证，我们来到了维多利亚体育学院超棒的艾伯特公园体育场。

"这挺容易的，"她一边说，我一边睁大眼睛到处张望，"只有我和姑娘们，我们只是在坚持训练计划，简单明了。"

我们走上了漂亮的蓝色跑道，我看到的第一个家伙居然是澳大利亚 800 米跑得最快的男人——彼得·波尔（Peter Bol），他赤膊阔步，展示了腹肌。我低头看着自己老爹级的身材，穿着 T 恤和田径裤，真想知道我到底在干什么。

卡特里奥娜把我介绍给了彼得·福琼和"姑娘们"——8 名年龄在 18 岁到 26 岁之间的女运动员，她们有令人印象深刻的腹肌。她们都热情地对我表示欢迎，但我可以看出来，她们一心想着完成训练任务。

我训练的时候，热身运动通常包括跑一圈赛道，然后再做一些伸展运动。在卡特里奥娜介绍大家认识以后，姑娘们开始了她们版本的热身运动。我跟着她们一起跑，仍然穿着运动服和短裤，手机在口袋里蹦蹦跳跳。没过多久我就开始用力呼吸，努力跟上她们的步伐。与此同时，我听到姑娘们轻松地谈论生活和工作，就像在公园里闲庭信步一样。

"热身要跑多长距离呢？"我喘着气问。

"哦，大概 4000 米。"对方回答。

我考虑过就在那里停下来，然后爬回车里。若是有人提前问问我，"你能在 16 分钟内跑 4000 米吗？"我会笑着说，"不能，这是不可能的。"但不知怎的，我坚持了下来，电话还在口袋里蹦蹦跳跳，我们跑回了体育场。

当时我真的很想回家。我都想假装受伤了，双手放在膝盖上，弯着腰努力正常呼吸。与此同时，姑娘们轻松得就好像刚下了有轨电车。

接下来是 10 次 200 米的短跑，27 秒之内跑完一次。正如我所希望的那样，要么是肾上腺素发挥了作用，要么是这个场合让我不能掉链子，我坚持了下来。我努力用大约 27 秒跑完一次，连续完成了 8 次这样的冲刺。

还有两次就要完成了，我鼓励自己。紧接着，我的腿莫名其妙地开始无法控制地抽搐和颤抖。为了缓解这种奇怪的触电感，我只能仰卧在地，把脚伸向空中。对旁观者来说，这一定是一大奇观。澳大利亚身体最棒的 8 名年轻女运动员正在等待下一次冲刺，而一名中年男子仰面躺着，双腿伸向天空。也不知什么原因，这样做有了（一点点）效果，我设法重新站了起来，完成了最后两次冲刺。我最后两次冲刺的成绩很差，但那时的我已经顾不上这些了。训练结束后，我瘫倒在跑道旁郁郁葱葱的草地上，被一种我以前从未体验过的快感所征服。我以前也感受过内啡肽的妙处，但这种细腻微妙的感觉前所未有。

我漂浮在这片多肽云上，伟大的彼得·福琼过来对训练小组说："好吧，大家跑得不错。现在，我们要以一个 400 米结束今天的训练。"

刹那间，我的兴奋感荡然无存。

我说："我的身体恐怕承受不了了。"

彼得没有理会我这句话。"休，"他说，"我想让你跑到卡特里奥娜前面，给她带起来速度。你得跑在她前面，行吗？"

"现在就算她走路，我也做不到跑在她前面了！"我哀号。

这句话对教练完全不起作用。"谢谢你，休。"他说。

我们出发了，我努力按照彼得的指示，也就跑了3米吧，然后姑娘们一个个从我身边飞奔而过。我想好了，要用自己的节奏完成这最后一圈。我感觉自己仿佛在绕场一圈庆祝胜利，我虽然没有向看台上的人挥手，但也差不多是这种感觉。

跑到最后一个直道的时候，幸福的感觉又回来了。为什么我感到一种难以置信的存在感和快乐？我特别想知道。很明显，内啡肽发挥了作用，但肯定还有其他因素。也许是我和这些人之间的联系，在我一直努力跟上她们的时候，她们也一直支持着我。也许是因为我接受了自己的不完美：在年轻和充满活力的人面前，我承认自己年纪大了。也许是训练中暴露出来的脆弱起了作用。所有这些原因都起到了一定作用，但我断定，我感觉很好的主要原因是，我放下了自尊自大，把它丢在了大门口。

我还没来得及细想，就听一个姑娘喊道："对，我们再跑4公里放松一下吧！"

这还有完没完啊？我一边想，一边踉踉跄跄地跟上她们。

后来我和这些准备参加奥运会的澳大利亚运动员又一起训练了几次，但是2020年，新冠疫情也蔓延到了墨尔本。这些运动员仍然可以进行训练，但不能集体训练。每人只能有一个训练搭档，并且两人间必须相距1.5米。卡特里奥娜邀请我做她的训练搭档，我惊呆了。我觉得总有一天彼得会把我拉到一边说，"有你在很好，但我希望她身边都是精英运动员。"

奇怪的是，那一刻从来没有到来过。

因为我的角色是帮助卡特里奥娜"加速"，彼得让我在她前面 5 米处起跑。她与其说是在跟上我，不如说每次她都追上了我。

卡特里奥娜原本可以和很多人一起训练，所以，我自然想知道为什么选我。事实证明，都是因为友谊和惺惺相惜。与团队运动不同，跑步是一项相当孤独的运动。回顾我的板球生涯，每每想到并不是赢得冠军或三柱出局，我想到的总是人际关系和队友所建立的铁杆情谊。

卡特里奥娜选我，并不是为了提高自己的速度，而是为了跟我聊天，一起笑，一起庆祝过程中的不完美。我们这种友谊，让我想到了脆弱的力量和人际互联的积极作用。

在 2021 赛季的最后一场比赛中，我打破了个人最好成绩，400 米跑了 52 秒。我第一个电话就打给了卡特里奥娜。她鼓励我在电话里跟她描述我是怎么打破个人纪录的，我对她充满了深深的感激之情，因为是她第一次邀请我去湖畔体育场，是她帮我放下了自尊自大。跟"姑娘们"一起训练为我打开了一扇大门，使我获得了巨大的个人成长。

不过这件事也让我对身体形象有了非常不健康的强迫症，当然这并不是姑娘们的错。

除了可以与像卡特里奥娜这样的优秀嘉宾聊天，《不完美》播客也是探索自我、羞耻、脆弱和期望等概念的一个很棒的平台。

莱恩给播客的一个环节起名叫"脆弱茶馆",是一个双关谐音梗,然后莱恩、乔什和我发明了一个游戏。为了鼓励听众探索人的脆弱,我们假装在茶馆里喝茶。乔什找到了一些很适合在茶馆播放的音乐,于是我们坐在录音棚里喝茶。这个游戏会用到一套卡片,上面写着各种问题,都是帮助大家来思考脆弱这个话题的。我们轮流抽 3 张卡片,然后选择一个问题来回答。虽然这个游戏的目标主要是为了模拟人的脆弱,但我发现,我们其实也在模拟如何接受彼此的脆弱。

我在"脆弱茶馆"抽到的第一张卡片上的问题是:"你生活中的哪一部分仍然让你感到孤独?"

"天啊,这个话题有点沉重。"我叹了口气说。

第二个问题是"是什么害得你花了这么久才了解自己?"

关于这个问题我可以说几句,我想。

我抽出第三张牌,知道自己必须要面对一个残酷的事实了。"你照镜子时首先看到的是什么?"

这个问题可以有多重解读:也许这是探索自我的一种邀请。我在镜子里看到的是个父亲吗?我看到的是曾经那个男孩的成年版吗?我看到了成功还是失败?

不过,我选择了从字面上回答这个问题,并且完全诚实。

多年来,我照镜子时看到的第一样东西就是我的头发。在我大概 19 岁的时候,头发就开始变薄了,于是引发了一场持续了 20 年的信心危机。我经常站在镜子前，一边强调一边试图掩盖我过早秃顶的事实（此处肯定是自尊自大在作祟）。

多年来，我会把前额头发留长，把它弄成刘海。没关系，只要没有风就行。10 年来，我只要走进各地的房间和礼堂，就会假装挠头。事实上，我想把头发垂下来，这样它就不会到处乱跑。

2021 年年初，我来到理发店做常规修剪。作为一个值得信赖的同谋，我的御用理发师已经参与"休头发的骗局"很多年了，他知道我希望把头发剪成什么样子。不巧的是，他那天度假去了，所以我只好把自己的头发交给顶班者的剪刀。那是个和蔼可亲的家伙，虽然他的英语不那么好。我伸出拇指和食指，表示我想减掉大约 1 英寸（1 英寸 ≈ 2.5 厘米），他似乎也能理解。他点点头，微笑着，然后抓住我的宝贝刘海，就像对付一个马尾辫一样把它从根部剪掉了。

"不！"我尖叫着，在理发店里把头扭来扭去，把那个可怜的理发师吓坏了（其实我才吓坏了呢）。这是一个误会：他觉得我想只留一英寸头发，而不是剪短一英寸。

不过，开弓没有回头箭。他完成了工作，我离开了理发店，我的发型就像一个刚被剃过毛的羔羊。我感到自己仿佛赤身裸体，完全暴露在外，用一只手盖住我的脑门走上车，试图想告诉全世界，休的脑门一切正常。

一个星期后，我就不怎么在乎了，已经适应了自己的新发型。我不仅不再需要每天早上盯着镜子里的头发看，也不用担心去游泳或跑步时会不会刮风了。最重要的是，我终于愿意诚实接受自己的头发了，为此我感到自豪和安慰。在这个问题上，我的自尊自大选择了缄默不言，我终于释怀了。要是我在 20 岁的时候遇到那个理发师就好了！我就可以让自己不再为此而焦虑，同时还能省下数千元的购买生发药丸和发胶的钱了。

所以，如果你以前问我"脆弱茶馆"卡片上的问题"你照镜子时首先看到的是什么？"答案无疑是我的头发。现在的问题是，我对我的头发已经释怀了，此刻我得回答另一样东西。

更糟糕的是，这个答案我以前从未与人分享过。

在与奥运选手一起训练后，我一直忍不住老盯着自己的肚子看。当时的训练强度很大，以至于我生命中第一次长出了 6 块腹肌——高水平跑步者的标准身体特征。不得不说在我写这本书的时候（41 岁），我的腹肌是有生以来状态最好的时候。

但我并没有对这种认真锻炼的副产品感到高兴，而是对它吹毛求疵。一天，乔什发现我在工作时撩起衬衫，盯着自己的肚子——简直就是凝视着肚子。

"你在干吗？"他说，脸上的表情耐人寻味。

"我不明白为什么我的肚子跟和我一起跑步的人的不一样。"我哀叹道。

乔什说："因为你不是一名 22 岁的奥运级女子田径运动员。"

我说："不，不，我说的是在那里训练的男的，那些人都有实打实的 10 块腹肌！"

除了头发，我从来没有对自己的身体有过怀疑。以前，人们错误地认为"身体焦虑"只与女性有关。而现在，据预测男性占饮食失调患者的 25% ~ 40%。

我前半辈子一直是个体育健将，但在接受了最好的训练后，我对自己的身体外形反倒不自信了。新冠疫情封控结束后，正常训练恢复了，我跟姑娘们提出了这个困扰。

"我想讨论一个有趣的话题。"我开始了。

"说吧。"她们说。

"嗯，我现在开始过于在意自己的外表了，尤其是肚子。"我说，"我总是呆呆地盯着它看，在意的程度我自己都害怕了。"

"我们都一样！"

"你好！同病相怜者。"

一番回应后，她们也承认，喜欢把自己的身体与其他运动员的进行比较。我松了一口气，原来我不是唯一"有毛病"的那个人。我已经盯上了美国跨栏运动员克伦·克莱门特（Kerron Clement）的完美身材。我告诫自己，只有我的腹部可以跟克伦的相提并论时，才有资格感到满意。

我以前目睹过妹妹在十几岁的时候饱受饮食失调的摧残，所以我一直都很在意营养均衡饮食的重要性。但很快我也开始对食物有强迫症了。

每个星期天早上，我都会带本吉去维多利亚女王市场，排队买澳大利亚最美味的甜甜圈。那辆老式美国食品车从 20 世纪 50 年代开始就一直停在那里。这是墨尔本和范·奎伦堡家族的一个传统：小时候爸爸妈妈经常带我去那买甜甜圈。有时队伍会延伸 80 米，但我们不在乎——等待总是值得的。

通常我会给本吉买 2 个甜甜圈，然后告诉他我也有 2 个，但实际上我会给自己买 4 个。然后我就从市场巷咖啡馆给自己买一杯咖啡，也给本吉买一杯孩子可以喝的饮品。我们会沐浴在阳光下，坐在同一张长凳上，我的胳膊搂着他的肩膀，我们一起吃着甜甜圈。

那天妈妈在游乐场里说，我作为父亲的职责之一就是为孩子们创造回忆，因为那辆甜甜圈售卖车对于我的童年意义重大，我想至少把这个回忆传给本吉。每逢去市场他总是很兴奋，这也是我一周中最期待的时候——直到我开始为吃甜甜圈感到有压力和罪恶感。

该死，这东西会让我跑得更慢。当我举起一个美味的甜甜圈送到嘴边时，这个想法冒了出来：这会毁了我的腹肌的！

闭嘴！我大脑中理性的部分马上呵斥道。这**不是**为了你，是为了你儿子。他将来回忆起来不会觉得，爸爸在这里吃甜甜圈毁了自己的腹肌。

现在我一次只吃 2 个甜甜圈了。一旦吃完，我内心的斗争就会重新开始。

"我想再吃一个。"理性的休会说。

"它会毁掉你的腹肌！"我的自我意识会反击。

"谁在乎呢，你已经 41 岁了。吃 5 个该死的甜甜圈吧！"理性的我说。

在我这个年纪，谁还希望和自己进行这样的对话。然而，事实就是如此。

我只是个普通人而已。

第 **14** 章

从爸爸身上学到的

这么多年以来，许多人称赞我，在创业伊始把"韧性项目"这个事业坚持做了下来。我甚至在上一本书中专门写了一章"减去一杯咖啡"，来强调公司的处境一度多么艰难。我没有提到的是，我曾经三次差点把公司交给别人，自己另谋高就。原因是什么？就是自我。

由于担心创业公司会做不下去，我曾想全职供职于澳大利亚板球、维多利亚州板球或顶部空间（Headspace）其中的一家，顶部空间是一个国家级的非营利组织，其主要业务范围是关注年轻人的心理健康。结果这三家都没录用我，我的心态崩溃了。但我没有表现出脆弱，而是假装生气，因为我的自尊自大使我无法面对被拒绝。我告诉自己和愿闻其详的人，这些公司不靠谱，而不是我不靠谱。

这当然是胡说八道。以"顶部空间"的面试为例，我申请的职位是学校项目负责人，面试的一个环节要求我看一篇与该组织某个项目有关的模拟媒体报道。"好吧，给你五分钟的时间读读这篇文章，"组织面试的女士说，"我回来的时候，希望你能说说如何处理文章中提出的问题。"

于是她离开了房间，我则努力去读那篇文章，但第一段读到一半，我的思绪就开始飘了。我表现得怎么样？我想着，这座写字楼不错，不知道我的办公室会在哪里。我会有办公室吗？或者这里是办公桌轮用制……

整整五分钟下来，我陷入了精神真空：我的眼睛看到了纸上的所有文字，但一个字都不进脑子。

门开了，那位女士又回来了。"好吧，"她爽朗地说，"我们来讨论一下这篇文章。"

我真希望有一份当时我面试的录音，听起来一定会很有趣，因为我实际上根本没读那篇文章，谈什么想法和见解！事后看来，那个可怜的女人脸上完全茫然的表情也是非常有趣的。

虽然我没有得到这份工作，但该公司还是给我提供了反馈，告诉我如何更好地适应未来的工作角色。对这些非常友好而明智的建议，我居然说："不，我不需要你们担心。"

傲慢无礼；

防御型人格；

妄自尊大。

那天晚上，我把发生的事情告诉了父母。"说实话，没得到这份工作我还挺高兴的，"晚餐时我说，"我对这个地方感觉不好。有些地方不太对劲。"

是的，肯定有些地方不太对劲。我有时会想，不知道那天晚上面试我的那位女士跟她的父母是怎么描述我的。若不是我妄自尊大，我原本有机会和这个组织的人坐在一起，学习如何提高自己。

和很多人一样，当我感到不安全或不确定时，我的自我意识就会抬头。它会试图保护我免受伤害（尴尬或羞愧），但从长远来看，它其实是我取得进步的一个拦路虎。记得我当老师的第一年，特别没有安全感，但是我从来没有向更有经验的同事请教过，我的自我意识希望每个人都觉得我完全可以胜任这份工作。

也许我最好的自我破坏的例子发生在 22 岁那年。那时我每周都在墨尔本的 SEN 电台主持一档板球节目。尽管做得不怎么样，但我还是意外接到了一个男人的电话，问我是否有兴趣解说即将到来的维多利亚州对塔斯马尼亚州板球比赛，这场比赛将在第九频道播出。我简直不敢相信自己的运气。简直是天赐良机：进入板球解说圈的大门为我敞开了。

这一天到来了，我登上临界椭圆形球场的大看台，在媒体席里坐下，周围都是经验丰富的比赛解说员。小时候在后院解说板球比赛时，除了假装自己是比尔·劳里（Bill Lawry），我还没有任何当解说员的经验。我感到非常没有把握，就在这个时候，我的自我意识驾临了，它让我表现得非常糟糕。

"如果你有点不知所措，我很高兴和你坐在一起，看看能不能帮到你。"那个被指派关照我的可爱长者说。听他这么说，附近的解说员们纷纷转过身来听我如何回答。我应该说的是："我确实有点不知所措，请您坐下来，不要离开我的身边。"

然而，我的自负却决定这样回答这个问题，我说："谢谢你，伙计，我能应付。"

嗯，其实我不能应付。我把工作搞得一团糟，自己也像个傻子一样。当时澳大利亚板球传奇人物迈克尔·贝文（Michael Bevan）大步走到位置线，我被冲昏了头脑，所以说错了他的名字。"塔斯马尼亚老虎队的击球手是……迈克尔·海文！"我对着扩音装置大喊。等我缓过神来捂住嘴，我发誓在场的每个人（包括迈克尔·海文）都转过身来看着我。

虽然那天我的表现相当糟糕，我发现不知怎的，我其实还算是被机会垂青的人。在内心深处，我还是很想从事板球比赛解说工作的。我准备离开的时候，那个可爱的长者又走过来，给了我第二次机会。"这次表现肯定有待改进，"他说，"但我们很高兴再请你来。这是我的电话号码，如果你想再试一次，就给我打个电话吧。"

我把他的电话号码在床头柜上放了好几个月，每天都在想要不要给他打电话，但我始终没有打电话，最后，我把那个电话号码扔掉了。我的自我无法接受自己在一些需要学习的事情上表现得不"完美"。16 年后，也正是这个声音告诉我，不要去和奥林匹克选手一起训练。我特别想知道，如果 22 岁的时候我无视那个自我，我现在的生活会是什么样子。

难怪美国传奇篮球教练帕特·莱利（Pat Riley）称自我为"关于我自己的病"。另一位美国体育大师、四次不败的综合格斗世界冠军弗兰克·沙姆罗克（Frank Shamrock）说得更精辟"对你自己的错误想法会摧毁你"。

沙姆罗克说，他之所以可以在世界上竞争最激烈的体育项目上保持领先地位，是因为他有一套制衡系统，阻止他的自我意识过于膨胀。沙姆罗克称这个方法是"取长—补短—势均力敌"法。

·取长—补短—势均力敌

取长——向比你更有经验的人学习

人生在世最鲁莽的事情，就是自以为是，觉得自己什么都会。当初我在球场媒体中心傲慢地拒绝那位长者对我的帮助，就是一个很好的例子，这种心态实在不可取。别人知道的比你多，你却不听别人的话，你就很难取得进步。总有人比你知道得更多，经验更丰富，或许是导师、教练、同事或队友，去找他们，听取他们的意见。

补短——指导比你缺少经验的人

没有事先学习的话，是不可能指导别人的。想要教会或指导那些知识不那么渊博的人，你必须让自己对某件事情有更高水平的理解。你必须拆开一个话题来向别人解释，这样就一定会学到一些东西。留意那些愿意向你学习的人，抓住机会去指导他——这是双赢的。

势均力敌——结识与你有相同经验的人

竞争是一个很棒的校平仪，也是一个很好的动力。因此，寻找并与那些足以挑战你的人建立联系很重要。卡特里奥娜和其他准备参加奥运会的姑娘们一起训练是有原因的，尽管作为运动员她们彼此之间是直接的竞争关系。作为竞争对手，她们互相推动彼此以获取更大的进步，并且一路互相学习。这种做法适用于各行各业。如果你想在某个领域有所提高，去找与你势均力敌的人吧。

用"取长—补短—势均力敌"法来控制自我意识对我十分有用，这也是我最终和奥运选手一起训练的原因——我有学习的意愿（取长）。但我不得不说，有了孩子对我的自我意识也算是致命的一击。如今，我完全适应了不安全感和对自己没把握的感觉。毕竟这是一种正常而理性的精神状态。不能说我已经完全放弃了所有的自我，但我已经在路上了。

2020 年年底的时候，我跟心理医生安妮塔例行见面，她问我，希望孩子们长大后如何评价我。虽然我知道她的意思是我可以把这个问题带回家思考，但我还是立刻回答："谦逊，善良。我希望孩子们觉得我既谦逊又善良。"

回答安妮塔的问题是另一个好办法，可以帮助我控制自我意识。要知道并不是每个人都有孩子，所以本·克罗换了个方式问这个问题：

"你死后，希望人们在悼词中用哪两个词来形容你？"

现在你知道我的答案了，想想你的两个形容词是什么吧。把这两个词写下来，放在你总能看到的地方——冰箱上、汽车仪表盘上。在你对一些选择感到没有安全感、没把握甚至害怕的时候，就用这两个词来指导自己的行动。

不要去问你的自我意识。

自从把"谦逊"和"善良"作为金玉良言之后，我发现自己更爱说以下这些话了：

- 我不知道。
- 你是对的。
- 我不是专家。
- 对不起。
- 谢谢。

我觉得全世界的人都应该经常说以上这些话，尤其是在自己不确定的时候。

这本书的撰写即将接近尾声了，我和安妮塔进行了一次跟进面谈。她说："关于'谦逊和善良'，再跟我多聊聊吧。这两个词是从哪里来的？为什么这两个词对你意义重大？"

这些问题的答案就在我嘴边，就像她最开始问我想用哪两个词形容自己时，那两个词我就能脱口而出一样。但是这次的回答，我却没能马上大声说出来。每次我张开嘴想说的时候，就特别想哭。最后，我终于说出了这个答案。"这两个词与我爸爸有关，"我的声音激动起来，"我希望成为爸爸那样的人。"

在我第 21 个也是最后一个超级板球赛季中，我们俱乐部很幸运打进了决赛。在半决赛的第一天，那是一个秋高气爽的早晨，我注意到一个白发老人在球场旁把当天有哪些比赛记下来。几分钟后我才意识到，那个老人是我父亲。那次我也第一次意识到，我生命中这个高大的人物也不过是个会变老会死去的肉体凡胎而已。我想，爸爸是真的老了。就在那一刻，我有一种强烈的冲动，想要有自己的孩子。

那天我一到家就和佩妮商量了一下。当时我们原本计划在纽约生活和工作几年，然后再回到墨尔本要孩子。"咱俩说好的！去纽约一直是我的梦想。"佩妮说，她有点惊讶，因为我突然想"改剧本"。

"我知道，我知道，"我说，"今天你要是见到爸爸了，就会明白我为什么这么想。他看起来像一个老爷爷，我不想让他错过看到孙子孙女的机会。"

佩妮后来认真考虑了这个问题。她同意了，"这是一个很好地想生孩子的理由。我想我们有了孩子后总还是可以去旅行的。"

大概一年后，我们的儿子本吉出生了，我爸爸第一时间来看孩子，抱着他，欢迎他来到这个世界。

在向安妮塔问诊期间我经常聊到爸爸，尤其是看到他日渐苍老，我总是有些伤感。我的父亲名叫理查德·范·奎伦堡（Richard van Cuylenburg），他来自斯里兰卡的一个荷兰家庭，9岁时跟家人来到澳大利亚开始新生活。爸爸的父母和弟弟没有他皮肤那么黑，有人担心他的肤色会与当时的澳大利亚白人政策格格不入，以至于家人出发去澳大利亚之前强迫父亲在家里待了两周。

至于澳大利亚移民局是否正式判定父亲的肤色没有黑到取消他入境资格的程度，我不得而知。反正他在1957年获准入境，在这个国家，他的肤色和浓重的口音使他遭受了许多具有破坏性的种族歧视。

父亲在作为"新澳大利亚人"的成长岁月里，一直被边缘化，他的"与众不同"经常遭到嘲笑。但他也像很多其他移民一样，珍惜他得到的每一个发展机会。在父亲看来，尊敬父母是他的首要责任，他的父母放弃了斯里兰卡的一切，都是为了让父亲和他弟弟过上更好的生活。再多的辱骂、贬低或社会排斥也不会让爸爸忘记父母的恩德。

在我小时候，奶奶经常告诉我们，爸爸以前每天下午4点到晚上10点都认真学习。他甚至不休息，不出来吃晚饭，奶奶只好把晚饭送到他房间里。

正因为父亲的努力，他考上了墨尔本大学，主修牙医学。他从24岁开始行医，在65岁退休前只休过一天的病假。在此过程中，爸爸（和妈妈）为自己的孩子敲开了澳大利亚这个幸运之国的大门。他尽量保障我们在方方面面都有发展机会，把最好的东西给我们。

今天，我的父母就是我的英雄。爸爸就是我渴望成为的那种男人。小时候我尊敬他，认为他十全十美，板球也打得超级棒。不仅如此，他还是个牙医，这都让我感到十分敬畏和自豪。

不过，我最美好的回忆是在夏天的深夜，他让我熬夜在电视上观看澳大利亚的全天板球比赛。他会一直给我当解说，比赛的紧张和兴奋逐渐发展成令人眼花缭乱的白热化，尤其是在比赛焦灼接近尾声的时候。这些夜晚是我一生中最美好的夜晚。

但后来，其他人开始影响父亲在我心目中的位置。多亏了爸爸努力工作赚钱，我有机会上了一所私立中学。在那里，我开始见到了其他孩子的爸爸，不知怎的，他们似乎昂首阔步，个子更高一些，说话声音也更大一些，相比之下我谦卑、善良和勤奋的父亲显得没那么高调。

有一段时间，我甚至觉得别人的爸爸都比我爸爸更酷。他们很有钱，到处炫耀也不以为耻。在孩子们体育比赛期间，那些时髦、自信、外向的老爸肆意地谈论着股票投资组合和度假屋。每当和这些上流社会的球员在一起的时候，我都想知道，我爸爸为什么不能更像别人的爸爸呢？

那时候，每到凯里语法学校的接孩子时间，就能看到一辆辆进口汽车涌向学校的大门：宝马、奔驰、路虎和奥迪，而我家的通勤车却只是一辆旧的三菱旅行车。爸爸才不关心引擎盖上汽车的品牌标识呢——他想要的车只要能把人从这个地方带到那个地方就可以了。有时候我搭同学爸爸的车回家，就会坐在柔软的真皮座椅上，心里默默希望我们家也能有一辆宝马。

1996 年，一个同学邀请我暑假去他家的海滨度假别墅玩儿。路途比较远，其间同学父亲因为超速被警察拦下。

"看我怎么搞定，孩子们，"他一边解开安全带，一边下了车，"看看我是怎么做的。"

我们透过后窗看到，他径直走到警察面前，跟他握手，然后展开胳膊肘，双手放在臀部。

和警官聊了一两分钟后，同学的父亲回到了豪华车里，脸上带着满意的表情。"孩子们，就是这样做，"他说，"你在他们的地盘跟他们握手，看着他们的眼睛，然后告诉他们，你以后不会再超速了。"

这件事给我留下了非常深刻的印象。

几个月后，我和爸爸买完东西后回到拥挤的停车场站在自己的三菱汽车前时，发现一个停车检查员在挡风玻璃雨刷下塞了一张罚单。爸爸赶紧连声道歉。他说："是我做得不对，我该罚。"

回家路上我想，我同学的爸爸肯定不会忍气吞声，他会想办法解决这个问题的。

感谢上帝，随着年龄的增长，人们往往会获得更多的洞察力。在我 20 多岁的时候，对爸爸的感觉又回到了和我小时候一样的感觉，深夜和他一起坐在沙发上，观看板球比赛。爸爸安静的优雅让我感到骄傲，我也感谢他和母亲给了我们稳定幸福的家庭生活。

如今，年近 40 岁的我，对爸爸的爱在我和安妮塔的谈话中一直是一个主要的话题。更具体地说，我对爸爸的感受成了我治疗的主要焦点。我对自己十几岁时对他的态度感到很羞愧。那时我居然希望他不是他原本的样子，就好像他做得还不够好似的，我怎么会有这种想法呢。

安妮塔给我看了一个叫作"权力和特权之轮"的图形，其实是一个以权力和特权为中心的饼状图。这个圆圈被划分为几个部分，用来评价不同的特征，包括性别、出生国家、受教育程度、财富、心理健康、语言等。你拥有的权力和特权越少，就会离轮子的中心越远。

安妮塔说："我想让你看看这张图，让我看看你爸爸在 9 岁乘船到达澳大利亚以后的位置。"

我按她说的做了，标出了位置，我也第一次意识到，在父亲一生的大部分时间里，他都生活在了澳大利亚特权和应得权益的圈外，他在社会阶层中所处的位置并不太舒服。

安妮塔说："现在看看你在哪里。"

我在中间——不折不扣的特权和应得权益的靶心，而且我处在那个位置并不是偶然的。爸爸一生中大部分时间都在努力把自己的孩子们从特权轮的边缘往中间推，给我们创造了一个又一个绝佳的机会。而他年轻的时候抓住了同样的机会，从每周学习42个小时做起。

"你在学校看到的很多家长，都处于这个轮子的中间，是不是？"安妮塔问。

"是的，这样的家长到处都是。"我说。

"那些处于轮子中间的人的一些典型特征，你能描述一下吗？"

"傲慢，"我说，"自私、不尊重人、不诚实、觉得自己有特权……"

"好的，"她说，"现在给我描述一下那些没有特权的人。"

"哦，谦卑、努力、善良、无私、诚实……"

"你刚刚描述的是你的父亲，对不对？"她说。

"确实如此。"我说，眼泪顺着我的脸颊滑落。

爸爸来到澳大利亚时一无所有。他通过努力工作获得了一切，他所做的一切也都是为了自己的家人。他永远也不会绞尽脑汁逃脱停车管理员对他处以的罚款。他知道自己如果做错了，就应该付出相应的代价。由于他没有特权，他对世界运作方式的看法就很理性。他按照自己的方式行事，他不愿意欠任何人任何东西。

那天告别安妮塔以后，我坚定了一点，希望我的孩子将来也能像我爸爸一样。他们之所以出生在权力和特权之轮的中心，是通过他们祖父的巨大努力而得来的。那天在板球比赛前看到爸爸苍老的样子，我就特别想生孩子，这样他有生之年还能见到孙子孙女。是安妮塔帮助我发现了真正的原因，我其实是不想让自己的孩子错过见到祖父的机会。

后　记

　　我一直以来最喜欢的家人合影，是 2014 年圣诞节时拍的一张照片，当时我们在维多利亚超美的冲浪海岸费尔黑文租了一家民宿。当时我和佩妮刚认识两周，她也来跟我们一起玩儿了几天，不过大部分时间里，就只有妈妈、爸爸、乔治亚、乔什和我，整天幸福地享受着阳光。这张照片是在我们租来的海滩别墅的阳台上拍摄的，捕捉到了我们一家的特色：3 个"孩子"深入交谈，爸爸一边看书一边听我们聊天，妈妈看着我们。这张照片完美地浓缩了我一生中最快乐的几周时光，我也很自然地想重温这样的时光。

　　后来由于新冠疫情把我们封锁了一年，导致我们无法经常见到父母，所以我特别想搞一次家庭团聚活动，因为所有人都迫不及待地想换换环境呼吸一些新鲜空气。当然这次也会有一些新的成员加入：我和佩妮的孩子本吉和埃尔西，还有他们可爱的堂弟查理（乔什和索菲的第一个孩子）。唯一缺席的人将会是乔治亚，由于疫情限制入境，她被困在了美国。

　　2021 年年初，我在费尔黑文找了一个民宿，准备迎接即将到来的复活节长周末。接下来两个月我每天都盼望着赶紧去度假，大家都跟我一样。那个时候的我已经接受了这样一个事实，我无须当开心果点亮我所在的每个房间，所以此行我只是想以孩子们的好爸爸和查理的好伯父的身份，和家人一起好好放松一下。

我们在复活节的星期五到达度假屋，那天的天气堪称完美：气温刚好，阳光明媚，微风吹拂着蓝宝石般的大海。我觉得自己仿佛再次走进了家庭相册和那张几年前拍摄的我最喜爱的照片里。孩子们在复活节星期六很早就把我们叫醒了，所以我、乔什和他们一起在阳台上一边享用热乎乎的十字面包，一边欣赏巴斯海峡上的日出。这样的早晨简直是我梦寐以求的。弟弟在欣赏这壮观的景色，我则深情地看着他，心里记下了这个我愿铭记一生的时刻。

接下来是涂满防晒霜无忧无虑玩沙子的一天，但后来我注意到小查理开始打喷嚏了。日落时分本吉也开始打喷嚏咳嗽了，睡前埃尔西也开始咳嗽流鼻涕了。所以那天晚上没人可以好好睡觉了，大人们一直在照顾生病哭闹的孩子们。

第三天，天气温暖而明媚，预示着澳洲大陆壮观的南部海岸将迎来完美的一天。虽然没睡好，我们也只能一笑置之，我提醒自己，生活中令人难忘的恰恰是这些不完美的事情。再说，第三天晚上我们肯定能好好睡一觉。

午餐时间，天气突变，气温从 30 摄氏度下降到 15 摄氏度，民宿的热水供给系统也坏了。费尔黑文开始下起毛毛雨，闪闪发光的海滩一下子变得又潮湿又朦胧，简直像一座鬼城。到了下午3点左右，民宿里的一个厕所也坏了，9个人只剩下一个厕所可以用，大家不由得有些不开心起来。

尽管如此，我仍然努力保持沉着冷静。我告诉自己，生活注定是不完美的，大家都在一起我就很高兴了。

周日晚上，每个人都筋疲力尽，早早上床睡觉。查理还是不太舒服，晚上11点半左右哭醒了。民宿不大，又是开放式的，所以晚上11点半大家都被吵醒了。索菲和乔什好不容易把查理哄睡，埃尔西又开始尖叫，从午夜一直尖叫到凌晨3点。我知道大家都没睡着，都在担心生病的孩子，我也无法保持沉着冷静了。我想，好吧，事情哪有一帆风顺的。这真的是个噩梦！

凌晨3点左右，我终于把埃尔西哄睡了，4点左右我轻轻离开她的房间回到我们房间，本吉本来睡在我和佩妮之间，但这孩子也开始剧烈咳嗽起来。他突然翻了个身坐起来，双手抓住喉咙，好像在挣扎着无法呼吸，时而仿佛哽住的样子。本吉这种糟糕的情况以前出现过：这是义膜性喉炎。

这次可把我们吓坏了。本吉扑倒在床上，仰面躺着，喘着粗气。他拼命想喘气，把小手伸进喉咙想打开呼吸通道。太可怕了，我们以前从来没见过他这个样子。

"叫救护车吧。"佩妮说。

我已经准备叫了，摸索着去拿手机。

本吉听到"救护车"这个词就吓坏了，情况变得更糟了。

心爱的儿子在痛苦和恐惧中扭动着，他小小的身体渴望顺畅地吸取氧气。我忧心如焚，当时真的觉得他快死了。

最近的救护站在安格尔西亚，救护车 40 分钟才能到。佩妮哄着本吉，我穿着 T 恤短裤在房子外面的路边等着，我在寒冷和黑暗中心神不宁。家里的其他人都醒着，都和我一样忧心忡忡。

凌晨 5 点刚过，医护人员就把本吉送到了季隆的医院。佩妮坐在救护车后面，让我留在家里照看埃尔西，也好给这次不太顺利的度假收拾一下残局。

早上 6 点半左右，佩妮从医院打来电话，说本吉已经稳定下来，情况很好，让我开车去接他们。我爬进驾驶室，一发动汽车，就传来了本·克劳的声音。3 天前我们来的时候，我一直一边开车一边在听最新一期的《不完美》播客节目。而现在，录音又从我暂停的地方继续播放了，恰巧他在此刻给了我直击痛点的建议："你无法控制生活，生活是完全不确定和不可预测的……如果你总想控制自己其实无法控制的事情，你一辈子都会生活在沮丧中，但是，一旦你接受这种不确定，拥抱这种不完美……"

在季隆的圣约翰医院，看到儿子呼吸正常，我松了一口气。他的脸颊恢复了血色，嘴角还挂着一丝疲惫的微笑。我和佩妮受了惊吓加上睡眠不足，也只能对彼此虚弱地笑了笑。那几天的欢乐似乎已经像汹涌的潮水一样消退了，但此刻我们关心的是，儿子是否安然无恙。

第二天，我们收拾行李准备回家。我们一家四口开了两辆车沿着海岸行驶，并决定兵分两路去征服这两个小时的回程。佩妮和埃尔西坐一辆车，本吉和我坐一辆车。我和本吉聊了聊他去医院的事，我们沿着王子高速公路向东行驶，我想起了最近和安妮塔的一次谈话。

"我受不了房子里乱糟糟的样子，"我说，"家里有两个孩子，每次下班回家家里都一片狼藉，所以我每天晚上都要花两个半小时来打扫卫生。"

"你为什么觉得家里乱呢？"她问。

我说："早上醒来的时候，我希望自家房子里里外外都很完美。"

安妮塔说："听起来好像是，你的生活越乱成一团，你就越想身体力行打扫你所在的空间。"

"是的，"我点了点头说，"可能确实如此。"

"可是休，生活本身就是乱成一团的啊！"

"是的，我想是的吧。"我有点心不在焉地说。

"不，不，听着，"安妮塔继续说，"我给你做了一年心理咨询了，我知道，你的生活一直乱成一团，但是每次你都能想出办法解决。并不是说你的生活最近才突然乱成一团的，而是一直如此，可能永远也会如此。这就是生活。"

我对人生混乱状态的思考中断了，因为本吉在儿童座椅上动来动去。"爸爸，我想上厕所。"他说。

"不用担心，伙计。"我一边回答一边把车停在高速公路的路肩。

"我可不想在路边上厕所！"他睁大眼睛说，对我让他在路边解决的想法觉得不可思议。"别人会看到我的！"

"你确定在路边解决会别扭吗？"

"对，"他说，"我们去麦当劳吧。"

小时候大人从来不让我吃麦当劳。事实上，关于麦当劳，我最早的记忆是父母说："你不准吃麦当劳，永远都不准。"

我很信任父母，他们肯定知道什么对我有好处什么没有，所以我从来没有反驳和质疑过他们的决定。我在电视上看到过麦当劳的广告，里面都是些傻乎乎的吉祥物，当然，我们也曾开车经过无数家麦当劳，但 10 岁前我从来没有进麦当劳消费过，10 岁那次还是因为和小伙伴们一起庆祝棒球赛季结束。经过父母 10 年的严格管控，我当然对麦当劳这个禁果又好奇又垂涎，一想到终于能尝到那些汉堡、薯条和浓奶昔了，我兴奋不已。

唯一的问题是，妈妈在让我下车后跟麦当劳经理说了些什么。小伙伴们都在麦当劳的派对房间里玩儿，其他孩子的高胆固醇的套餐都送来了，这时一个女服务员大声喊道："休在哪儿？"

我伸手示意，她走过来递给我一个用保鲜膜包裹的奶酪和生菜三明治，三明治切成圆形以模仿麦当劳的吉士汉堡，我简直又伤心又失望。

"这是你的，"女服务员说，"你妈妈让你吃这个。"

有其母必有其子。如果本吉在长途旅行中喊着要吃麦当劳，我都会给他点一份"快乐儿童餐"。但他拿到手的不是薯条、麦乐鸡和苹果汁，而是西红柿、苹果和水。顺便说一句，生活中如果你还想对其他东西放手的话，垃圾食品是个很好的选择。

本吉也知道麦当劳的厕所干净整洁，最重要的是私密性强。我于是又把车停在路肩，上网搜索了一下最近的麦当劳，在韦里比镇，绕道离开高速公路大约需要15分钟。

"好吧，好的。那就去韦里比吧。"

车开进韦里比的出口匝道时，我看到了一个加油站，就像沙漠中的绿洲一样闪闪发光。我把车开到加油站入口处，停了车，然后跑了进去，但工作人员说那里没有厕所。我回到车里，本吉再次提醒我他憋不住了。

15分钟后，我们在韦里比的麦当劳停下车，径直走向卫生间。第一扇门是一个儿童厕所，里面有一个换尿布的台子。完美，我一边这么想，一边和本吉一起推开了卫生间的门。可是那个马桶我们俩都看了一眼就觉得特别恶心。有人把马桶弄得特别脏，太恶心了，本吉又着急又难过。

"没关系，伙计，还有一个厕所。"我安慰道，并迅速把他拉到外面。"坚持一下，我们已经快到了。"

接着，我打开男厕所的门，进去刚走了一步就滑倒了，四仰八叉地重重摔在一摊湿乎乎的东西里。原来是之前有人吐了厕所一地，而我自投罗网了。我惊慌失措地摔倒了，感觉到牛仔裤上沾满了湿冷恶心的东西，本吉和我大眼对小眼，然后他笑了。

"爸爸？"

"什么事，伙计？"

"我其实不想上厕所，就是开个玩笑而已。"

这孩子真让我哭笑不得，发生这种事情，大哭和大笑都是情有可原的吧。后来我把自己收拾干净后，与本吉重新上路，完成了这次家庭假期旅行的最后一段路程。我真希望那一刻有人给我拍张照片，就能完美捕捉到我当时的窘态了。

车开到墨尔本近郊时，我的思绪又回到了安妮塔那里。她帮助我成长，让我对自己以及整个人类的心态学到了更多东西。我很感激她帮助我明白了自己需要对哪些东西放手——羞愧、期望、控制、完美、自我，以及对失败的恐惧和对社交媒体的上瘾——这些东西多到说来令人尴尬，却是我坚持了多年的习惯和行为，这些东西一直以来都阻碍了我的成长。

我马上要到家了，鼻孔里还能闻到一股呕吐物的微弱气味，安妮塔却仿佛在我耳边响亮地对我说：生活一直是乱成一团的，而且可能会始终如此。

而我们在陷入混乱时的所作所为，才是最重要的。

致　谢

在居家期间写一本书，同时家里还有两个不爱睡觉的孩子，这可能是我有生以来做过的最有韧性的一件事！

然而，如果没有身边每个了不起的人给我的爱和支持，这本书我是不可能完成的。我也不知道该以什么顺序来感谢这些人，索性谁先进入我的脑海我就先感谢谁吧。

首先，感谢在我第一本书出版后给我写信的人，谢谢你们。我本来打算给你们一一回信，后来发现数量实在太多我无法面面俱到！但我一定要告诉你们的是，正是你们善良的话语和爱，启发我写了现在这本书。

感谢我的岳母安妮、岳父罗布和小舅子尼克，我非常爱你们。你们尽力帮我们带孩子，使我有了充分的时间和空间进行思考和写作。我和你们三个人的关系对我来说具有特别的意义，我知道不是所有人都能有如此融洽的姻亲关系，所以我的心里充满了感激。

感谢"韧性项目"公司团队里的每个人。我非常爱你们，能和你们一起工作，我实属幸运。虽然别人总是把公司的成功归功于我，但今年在我忙于撰写这本书期间，是你们把公司的学校方案和课程带给了全国各地 32 万名学生。我们这个团队出类拔萃，每天都激励着我。感谢以下人员，排名不分先后：劳拉、海伦、金、安东尼、贝琳达、利亚、玛迪、伊莱亚斯、拉克、本、道恩、莎拉、阿莉莎、彼得、莱尔、杰里米、杰克、阿什莉、丽莎和比非。你们是最谦逊、最有激情的团队，你们激励了全国数百万人，让他们感到更加快乐。

在此要特别感谢公司的首席执行官本·沃特曼。如果没有你，我们"韧性项目"这个公司根本撑不下来。因为你，公司不仅撑下来了，而且日渐壮大。还要感谢公司的首席演讲专家马丁·赫佩尔（Martin Heppell）。放眼全国没有人会比你更擅长跟年轻人交流，你的能力非同寻常，几乎无人可以企及。从专业角度讲，我喜欢你为公司所做的一切，但是在生活中，我最感激的是你我的友谊。能和你成为挚友，我三生有幸。

感谢我的 WhatsApp 群——"大腘绳肌能量"（又名凯文和卡特里奥娜），在过去的一年中，你们给我提供了一个非常安全的场所，让我随时尽情释放表达自己，你们需要专注于奥运会训练，所以你们的陪伴更显得特别无私。你们还帮我跑得更快了，这很重要！我爱你们俩。

感谢帕夫和多利（眼睛流汗的家伙！），你们给我的友谊让我身心前所未有的健康，也让我的写作受益良多。

感谢莱恩和乔什。我们的播客是我生命中最美丽最真实的经历，也对我写这本书帮助很大。你们两个让我非常开心，尽管我们每周要说好几次，我还是要把这件事写在纸上并正式宣布：我爱你们俩，我也爱咱们的播客。

感谢本·克罗，你的工作在很多层面上启发了我。你真的教会了我如何接受真实的自己，否则我也无法写成这本书。

感谢我的心理咨询师安妮塔，你改变了我的生活，我永远感激你。

感谢所有允许我把其故事写在这本书里的人，谢谢你们。你们的经历将会帮助到很多人。

感谢企鹅兰登书屋的出色团队——苏菲、克雷格、罗德和凯瑟琳。我的第一本书得到了很多好评，我固然高兴，但所有的赞扬不应只归功于我一个人。我觉得很多人并不太了解，出版团队对一本书的贡献有多大。感谢我的出版人苏菲·安布罗斯，我觉得你是个天才。你的专业知识、专注力、温和的引领和对世界的同情心，对我和这本书都产生了巨大的影响，你是本书默默无闻的幕后英雄。你非常出色。

感谢克雷格·亨德森。和你一起写作是我人生最大的乐趣之一，我也从你身上学到了很多东西。其实在写第一本书期间，我最喜欢的事就是跟你一起去冲浪，然后吃你做的烤鸡。虽然新冠疫情使我们无法再次共度这样的美好时光，但它无法阻断我们的情感联络。你人品高尚，我十分感激你的才华和我们的友谊。

感谢我的弟妹索菲，我永远感激你对我们全家人的影响。你一直是我们全家快乐和能量的源泉。

感谢查理，我那好奇又活跃的侄子。你给我们所有人的生活带来了很多快乐，我家两个孩子都特别喜欢你，佩妮和我也喜欢你。我们永远在你身边。我特别特别爱你，查理。

感谢妈妈和爸爸，感谢你们养育了我。你们为我牺牲，给了我无条件的爱和一如既往的支持，使我成了今天的我。如果有一天，本吉和埃尔西谈起我的样子就像我谈起你们俩的样子的话，我就会知道，自己是一个很棒的家长。在写这本书时，我时常思考自己的童年，我的童年真的很完美，没有任何需要改变的地方。谢谢你们给我的一切。纸短情长，我对你们的爱无法用言语表达。

感谢妹妹乔治亚和弟弟乔什。谢谢你们允许我分享这么多我们童年的故事，我知道这些故事会帮助到很多人。乔治亚，与你相隔万里，我却觉得离你特别近，因为我有许多与你一同成长的美好回忆。谢谢你同意我在两本书的开篇都写到你的故事，我爱你妹妹。乔什，我真的很愿意跟你一起享受养育孩子的旅程，我特别希望咱们的孩子能够一起陪伴着长大。

感谢妻子佩妮，如果没有你，就不会有这本书。过去的一年，你克服了多少困难坚忍下来，我都看在眼里感同身受。两个孩子不爱睡觉，丈夫一天到晚都在写书。在如此忙碌的情况下，你还创建了一个很棒的网站"如此强迫症"，帮助那些强迫症患者。你所做的一切都是在帮助别人，无论是我们的家庭还是世界上数百万患有强迫症的人。我以你为荣，谢谢你无私的付出，这本书才得以出版。我爱你。

感谢我的孩子本吉和埃尔西，我爱你们，你们比这个世界上任何东西都重要。偶尔能抱着你们俩在沙发上的那些时刻，是我生命中最快乐的时刻。每当在写书过程中发现自己缺乏精力或动力时，我就会想到你们俩，然后瞬间灵感迸发文思如泉涌。现在，请你们一定要学着多睡觉。哦对了，别读第 4 章！谢谢你们。

休·范·奎伦堡